FACHWISSEN FEUERWEHR

Bätge/Joester/Keck/Leutheußer/
Reuter

EINSATZHYGIENE

Bibliografische Informationen der deutschen Nationalbibliothek

Die Deutsche Nationalbibliothek verzeichnet diese Publikation in der Deutschen Nationalbibliografie; detaillierte bibliografische Daten sind im Internet über http://www.dnb.de abrufbar.

Bei der Herstellung des Werkes haben wir uns zukunftsbewusst für umweltverträgliche und wiederverwertbare Materialien entschieden. Der Inhalt ist auf chlorfrei gebleichtes Papier gedruckt.

Aus Gründen der besseren Lesbarkeit wird in diesem Werk die Sprachform des generischen Maskulinums angewendet. Es wird darauf hingewiesen, dass die ausschließliche Verwendung der männlichen Form geschlechtsunabhängig zu sehen ist.

ISBN 978-3-609-69501-3

E-Mail: kundenservice@ecomed-storck.de

Telefon: 089/2183-7922
Telefax: 089/2183-7620

Nachweis der Titelbilder:
oben links: BE Photography
oben rechts: Michael Arning
unten links: Feuerwehr Odental
unten rechts: Marcus Bätge

Satz: Fotosatz Pfeifer, 82152 Krailling
Druck: Westermann Druck, Zwickau

Vorwort

Die Anforderungen an die Angehörigen der Feuerwehren haben sich im Laufe der letzten Jahre erheblich verändert. Genügten früher die Kenntnisse der normalen Brandbekämpfung, müssen heute selbst kleinere Feuerwehren die unterschiedlichsten Notlagen meistern können, um in Not geratene Menschen oder Tiere zu retten, Sachwerte zu erhalten und die Umwelt vor Schaden zu bewahren.

Dies ist jedoch nur möglich, wenn für alle Feuerwehrangehörigen eine umfassende und wirksame Aus- und Weiterbildung durchgeführt wird. Diese Forderung steht jedoch dem Problem gegenüber, dass diese Aus- und Weiterbildung von den meist freiwillig tätigen Angehörigen der Feuerwehren zusätzlich zu den immer weiter steigenden Anforderungen in deren Berufsleben und den vielfältigen Verpflichtungen im privaten oder familiären Bereich geleistet werden muss. Letztlich liegt es an jedem Feuerwehrangehörigen selbst, ob und in welchem Umfang er bereit ist, sich durch eine regelmäßige und aktive Teilnahme an der angebotenen Aus- und Weiterbildung den gesteigerten Anforderungen der Feuerwehr zu stellen.

Das Ziel der Broschürenreihe „Fachwissen Feuerwehr“ besteht darin, die Feuerwehrangehörigen mit dem Wissen auszustatten, das in der heutigen Zeit erforderlich ist, um aufgabengerecht und wirkungsvoll tätig zu werden. Sie wird vorrangig für die Feuerwehrangehörigen herausgegeben, die erstmals in das Thema Feuerwehr „einsteigen“, und für diejenigen, die sich ein solides Basiswissen aneignen möchten.

Seitdem im September 2021 unser Fachbuch Einsatzhygiene in der Reihe Technik-Taktik-Einsatz erschienen ist, wurden wir oft nach Präsentationen zu Aus- und Weiterbildung gefragt.

Mit den Ausbildungsfolien Einsatzhygiene können inzwischen Unterrichte bzw. Unterrichtseinheiten, Fortbildungen und Kurse vorbereitet werden, um die praktische Umsetzung während des Einsatzes und im Anschluss daran zu etablieren und zu optimieren.

Auch für die sekundären Arbeitsbereiche (Service), die für Reinigung, Wartung und Pflege der feuerwehrtechnischen Geräte und Schutzkleidung zuständig sind, gibt es Präsentationen, mit denen Atemschutz-, Geräte- und Kleiderwarte ihr Wissen auffrischen, ergänzen und in interessanten Unterrichten weitergeben können.

Denn: Brandrauch enthält immer krebserregende Stoffe, welche bei unsachgemäßem Vorgehen während und auch noch nach dem Einsatz über Atemwege, die Nahrung und sogar über die offenen Poren der Haut in den Körper aufgenommen werden können.

Folgen davon sind neben chronischen Erkrankungen auch die begünstigte Entstehung von Tumoren.

Dies gilt nicht nur für den klassischen Brand- und Technische-Hilfe-Einsatz, sondern allgemein für tätige Einsatzkräfte im abwehrenden Katastrophen- und Bevölkerungsschutz sowie im Rettungsdienst.

Der richtige Umgang mit Brandrauch, der mit einer konsequenten Einsatzhygiene einhergeht, ist wichtiger denn je. Mittlerweile haben dies nicht nur die meisten Feuerwehrverbände, -institutionen und Hilfsorganisationen, sondern auch die IARC, die Internationale Agentur für Krebsforschung erkannt. Die IARC, angesiedelt bei der Weltgesundheitsorganisation (WHO), hat inzwischen (am 15.06.2022) den „Tätigkeitsbereich Feuerwehrdienst" als für den Menschen krebserregend eingestuft (Kategorie 1A).

Wir alle, ganz egal ob Anwärter, Truppmann, Truppführer oder Einsatzleiter, müssen uns mit diesem neuen und dennoch elementaren Thema befassen.

Diese Broschüre aus der Reihe Fachwissen Feuerwehr soll Euch dazu motivieren und kann bei der Umsetzung unterstützen.

Hamburg, Januar 2024
Marcus Bätge, Carsten Joester, Thomas Keck, Jan Leutheußer und Lars Reuter

Inhalt

1 Einleitung

1.1 Warum befassen wir uns mit diesem Thema?

Die Tätigkeiten bei den Feuerwehren sind vielseitig und in den letzten 20 Jahren immer gefährlicher geworden. Damit setzen sie sowohl eine hochwertige, realitätsnahe und aktuelle Ausbildung als auch eine dem neuesten Stand der Technik angepasste Ausrüstung voraus. Dies sind wesentliche Bedingungen für einen sicheren Feuerwehrdienst.

Das Gleiche gilt für erforderliche Schutzmaßnahmen – vor, während und nach dem Einsatz – dessen Abläufe von uns zu 100 Prozent beherrscht werden müssen.

Unsere Lebensversicherung!

„Train as you fight" – übt so, wie Ihr es auch im Einsatz umsetzt!

Nur eine antrainierte Routine innerhalb der Arbeitsabläufe verschafft uns eine Sicherheit; einen verbesserten Schutz. Die einwandfreie, vollständig angelegte, regelmäßig überprüfte Dienst- und Schutzkleidung, die für den Einsatz zugelassen und angeschafft wurde, ist Grundvoraussetzung für die Teilnahme am Einsatzgeschehen.

Das beinhaltet des Weiteren auch den konsequenten Umgang mit einer nachhaltigen Einsatzhygiene.

Ausreden oder fadenscheinige Ablehnungsgründe, die gegen eine Umsetzung sprechen würden, gibt es zwar genug. „Das ist doch nur Dreck!", „Das haben wir schon immer so gemacht!" oder „Es ist doch nur eine Übung!" sind hier dennoch fehl am Platz, genauso wie das Festhalten an Gewohnheiten, Verhaltensweisen und unserer Bequemlichkeit.

All das schadet nur, bringt uns möglicherweise um!

Heute geht es um unsere Gesundheit und die Gesundheit aller unserer Kollegen und Kameraden.

1.2 Einsatzhygiene im Feuerwehrdienst (Brandbekämpfung und TH) ist nicht die Hygiene im Krankenhaus

Der Begriff „Hygiene" wird häufig mit dem Waschen der Hände als eine von zahlreichen hygienischen Maßnahmen im Alltag assoziiert.

Doch Hygiene ist viel mehr:

„Die Gesamtheit aller Handlungen, zur Verhütung von Krankheiten und Gesundheitsschäden, insbesondere hinsichtlich der durch das Zusammenleben der Menschen sowie durch den Beruf (Arbeitshygiene) entstehenden bzw. drohenden Erkrankungen." [1]

Teilgebiete der Hygiene sind u.a. die öffentliche Gesundheitspflege der staatlichen Organe, Seuchenhygiene, Schulhygiene und die Aufklärung der Bevölkerung über gesundheitliche Fragen.

Doch die **Hygiene**, von der **wir** hier sprechen, hat weniger mit Bakterien oder mit klinischen Maßnahmen zu tun.

Sie ist separat zu betrachten und auf unseren Einsatzalltag zu adaptieren.

Als Wissenschaft wurde die Hygiene gegen Ende des 18. Jahrhunderts von J.P. Frank und M. von Pettenkofer begründet. Besondere Impulse erhielt die Hygiene durch die Arbeiten von R. Koch auf dem Gebiet der experimentellen Bakteriologie. [2]

1.3 IARC stuft „Arbeit von Feuerwehreinsatzkräften als krebserregend“ in die höchste Kategorie ein

Die Arbeit von Feuerwehreinsatzkräften wurde von der Internationalen Krebsforschungsagentur IARC, einer Einrichtung der Weltgesundheitsorganisation (WHO), im Jahr 2007 in die Kategorie 2 der CMR-Stoffe eingestuft. Am 15.06.2022 hat dieselbe Institution ihre Einschätzung von damals neu bewertet und in der neuen Monographie 132 veröffentlicht. [3]

Seitdem wird die Arbeit von Feuerwehreinsatzkräften in die höchste der drei Kategorien, als „bekanntermaßen krebserregend für den Menschen“ eingestuft und hat auf dem Weg zu dieser Einstufung sogar die Kategorie 1B übersprungen.

Krebserzeugende, erbgutverändernde oder fortpflanzungsgefährdende Substanzen (KMR-Stoffe) werden nach der CLP-Verordnung ausschließlich auf Basis der wissenschaftlichen Evidenz epidemiologischer oder tierexperimenteller Befunde eingestuft.

Tabelle 1: Einstufung von karzinogenen Stoffen in drei Kategorien
(Quelle: www.bgbau.de [4])

Kategorie 1A:	Stoffe, die auf den Menschen bekanntermaßen karzinogen sind. Der Kausalzusammenhang zwischen der Exposition eines Menschen gegenüber dem Stoff und der Entstehung von Krebs ist ausreichend nachgewiesen.
Kategorie 1B:	Stoffe, die wahrscheinlich beim Menschen karzinogen sind. Es bestehen hinreichende Anhaltspunkte zu der Annahme, dass die Exposition eines Menschen gegenüber dem Stoff Krebs erzeugen kann. Diese Annahmen beruhen im Allgemeinen auf folgendem: geeignete Langzeit-Tierversuche, sonstige relevante Informationen.
Kategorie 2:	Stoffe, bei denen ein Verdacht auf eine karzinogene Wirkung beim Menschen besteht. Aus geeigneten Tierversuchen liegen einige Anhaltspunkte vor, die jedoch nicht ausreichen, um einen Stoff in die Kategorie 1 einzustufen.

Ausschlaggebend für die Einschätzung war die Gesamtbetrachtung des Berufs bzw. des Tätigkeitsfelds von Feuerwehreinsatzkräften. Neben dem Brandrauch gehören dazu auch Schichtarbeit – vor allem nachts – PFAS (per- und polyfluorierte Chemikalien), Dieselpartikel, die physiologische und psychische Belastung und sogar die Gefahr von ansteckenden Krankheiten.

Eine richtungsweisende und wichtige Einstufung für Feuerwehrleute auf der ganzen Welt, da wir jetzt das mögliche Ausmaß der Auswirkungen auf unsere Arbeit, Aktivitäten sowie die Entwicklung von Krebserkrankungen kennen und wissen, dass dies berufsbedingt erhöht ist.

Die logische Konsequenz wiederum sind bessere Prävention, Technologien und eine bessere Absicherung für die Feuerwehrleute im Krankheitsfall, nicht nur in Deutschland, sondern auf der ganzen Welt.

Grundsätze aus der der FwDV 500

- Eine Kontamination ist zu vermeiden, zumindest ist sie so gering wie möglich zu halten!
- Eine Kontaminationsverschleppung ist zu verhindern!
- Eine Inkorporation ist auszuschließen!

1.4 Weitere Beteiligte am Einsatzgeschehen

Betroffen von einer unzureichend praktizierten und umgesetzten Einsatzhygiene sind nicht nur Feuerwehreinsatzkräfte. Das Wissen um die zusätzlichen Gefährdungen durch Brandfolgeprodukte fehlt auch bei anderen, am Einsatzgeschehen direkt oder auch nur indirekt beteiligten Personen, die dadurch primär oder auch „nur“ sekundär gefährdet sind, wie beispielsweise die Helfer vom Technischen Hilfswerk (THW).

Jedoch auch Einsatzkräfte des Rettungsdiensts und der Polizei sind meist nicht ausreichend geschützt und somit gefährdet.

Nicht zuletzt sind es als dritte Personengruppe diejenigen, die von uns aus ihrer prekären Lage befreit und im Anschluss daran erstversorgt werden. Sie sind den Gefahren durch fehlende Einsatzhygiene möglicherweise ebenfalls ausgesetzt.

Auch wenn es nur kurzfristig ist, müssen wir unsere Maßnahmen zum Schutz aller beteiligten Personengruppen ausweiten.

Primär: Feuerwehr, Rettungsdienste und THW

Sekundär: Polizei und Brandermittler

Passanten, Betroffene und Ersthelfer

1.5 Selbstkontrolle und Testfragen

(Lösungen siehe Seite 104)

1. Welche Stoffe gehören in die Kategorie (1A), in die die Arbeit von Feuerwehreinsatzkräften seit Juni 2022 eingestuft wurde?

a) Stoffe, die Gase, andere Flüssigkeiten oder Feststoffe lösen können, ohne dass es dabei zu chemischen Reaktionen zwischen gelöstem und lösendem Stoff kommt.
b) Stoffe, die auf den Menschen bekanntermaßen karzinogen sind.
c) Stoffe, bei denen ein Verdacht auf eine karzinogene Wirkung beim Menschen besteht.
d) Stoffe oder Erzeugnisse, die dazu bestimmt sind, dass sie in verarbeitetem Zustand vom Menschen aufgenommen werden.

2. Was ist der Unterschied zwischen Kategorie 1A und 1B in der Einstufung von karzinogenen Stoffen?

a) Stoffe, die wahrscheinlich beim Menschen karzinogen sind, werden in die Kategorie 1B eingestuft.
b) Stoffe der Kategorie 1A werden immer mit rot gekennzeichnet, die der Kategorie 1B mit gelb.
c) Stoffe, die auf den Menschen bekanntermaßen karzinogen sind.
d) Stoffe, bei denen ein Verdacht auf eine karzinogene Wirkung beim Menschen besteht.

3. Welche Personengruppe ist primär bei einem Brandgeschehen potenziell durch die Auswirkungen der Brandfolgeprodukte gefährdet?

a) Feuerwehr, Rettungsdienste und THW.
b) Polizei und Brandermittler.
c) Passanten, Betroffene und Ersthelfer.
d) Handwerker und Monteure.

2 Definitionen

Für einen gezielten Umgang mit dem Thema Einsatzhygiene ist es besonders wichtig, zuvor die Definitionen und Bedeutungen der verwendeten Fachbegriffe klarzustellen, um Missverständnissen vorzubeugen.

2.1 Hygiene

Begriff aus dem Altgriechischen „der Gesundheit dienende Kunst“

Die Lehre von der Verhütung von Krankheiten und der Erhaltung, Förderung und Festigung der Gesundheit. [5]

Sie hat zum Ziel, die Leistungsfähigkeit und das Wohlbefinden des Einzelnen und der Gesellschaft zu erhalten oder zu verbessern.

Hygiene: Maßnahmen der Hygiene sollen Krankheiten verhüten sowie die Gesundheit erhalten und festigen. Umgangssprachlich bedeutet es „das Sauberhalten von etwas“!

Für die Feuerwehr, den Rettungsdienst sowie die sonstigen Einheiten der „nicht polizeilichen Gefahrenabwehr“ ist die Hygiene am Einsatzort ein überlebenswichtiger Bestandteil einsatztaktischer Maßnahmen.

Auf die Einsatzhygiene muss ein besonderes Augenmerk gerichtet werden. Sie muss beim Führungsvorgang neben der Bewertung der „klassischen Gefahren“ an der Einsatzstelle einen besonderen Stellenwert einnehmen, um Risiken zu minimieren und die Gesundheits- und Arbeitsbedingungen unserer eingesetzten Kräfte zu verbessern.

2.2 Verschmutzung

Bei einer Verschmutzung handelt es sich um unerwünschte, optisch sichtbare Belastungen durch bestimmte stoffliche Rückstände (feste, flüssige, gasförmige), die, abhängig von ihrer Herkunft und Art, bereits bei kleinen Mengen ein Unbehagen auslösen können, jedoch in der Regel noch nicht als pauschal gefährlich eingestuft werden.

Beispielsweise Hausstaub, Spinnweben, Getränkebecher auf einer Veranstaltungsfläche nach einem öffentlichen Event oder Erde im Profil von Feuerwehrstiefeln.

Im Allgemeinen betrifft das keine „Gefahrstoffe".

Verschmutzung steht für eine Anreicherung mit Schmutz. [6]

2.3 Gefahrstoffe

Als Gefahrstoffe bezeichnet man diejenigen Stoffe, Gemische oder Erzeugnisse mit gefährlichen Eigenschaften. Sie können akute oder chronische gesundheitliche Schäden beim Menschen verursachen, entzündlich, explosionsgefährlich oder gefährlich für die Umwelt sein.

Zu den Gefahrstoffen zählen nicht nur Chemikalien, sondern auch Holzstaub, Ottokraftstoff, Dieselmotoremissionen, Schweißrauche, Ozon, Narkosegase, Brandrauch usw.

In Betrieben der gewerblichen Wirtschaft und des öffentlichen Diensts erfolgen vielfältige Tätigkeiten mit Gefahrstoffen in nahezu allen Branchen, z. B. in der chemischen Industrie, der Bauwirtschaft, in metallverarbeitenden Betrieben oder im Gesundheitsdienst.

Tätigkeiten mit Gefahrstoffen können zu Unfällen, Berufskrankheiten und arbeitsbedingten Gesundheitsgefahren führen. [7]

2.4 Kontamination

Begriff aus dem Lateinischen „Beschmutzung"

Unerwünschte Verunreinigung von Flächen, Personen oder Volumina durch Krankheitserreger oder sonstige schädliche Substanzen.

Kontaminationen durch Gift- oder Gefahrstoffe umfassen auch diejenigen durch radioaktive, biologische oder chemische Stoffe. [8]

Kontamination: Bezogen auf den Feuerwehreinsatzdienst bezeichnen wir die Gefährdungen, Verunreinigungen oder Beaufschlagungen durch Brandfolgeprodukte wie Rauch, Partikel oder Fasern als Kontamination. Gleiches gilt bei der Technischen Hilfeleistung für auslaufende Betriebsstoffe bspw. bei PKW-Bergungen, Stäuben und/oder Flüssigkeiten.

Grundsätze

- Eine Kontamination ist zu vermeiden, zumindest ist sie so gering wie möglich zu halten!
- Eine Kontaminationsverschleppung ist zu verhindern.

2.5 Dekontamination

Begriff aus dem Lateinischen „Entfleckung" – in Deutschland auch mit „Dekon" abgekürzt.

Beschreibt im Fall der Kontamination eines Bereichs mit Gefahrstoffen das Entfernen von diesen Stoffen von der kontaminierten Materie bspw. Dekontamination der PSA von Brandfolgeprodukten.
Es gilt, gefährliche Verunreinigungen auf ein gesundheitsunschädliches Maß zu reduzieren bzw. vollständig zu entfernen. [9]

Dekontamination: Gegenteil von Kontamination. Der Begriff Dekontamination bezeichnet das **Entfernen** einer oder mehrerer gefährlicher Substanzen von einer Oberfläche und, sofern bereits eingedrungen, auch aus den darunterliegenden Schichten, z. B. den Poren unserer Haut.

Die Dekontamination trägt im allgemeinen Feuerwehreinsatz entscheidend dazu bei, das gesundheitliche Risiko der im Gefahrenbereich tätigen Einsatzkräfte zu minimieren. Darüber hinaus reduzieren zeitgerechte Dekontaminationsmaßnahmen und -verfahren die Gefahr der Schädigung für weitere ungeschützte Personen und das eingesetzte Gerät.

Doch die Vielzahl der vorhandenen Definitionen zum Begriff Dekontamination im Internet ist verwirrend, die meisten Definitionen sind vom Grundsatz her ähnlich, doch die feinen Divergenzen machen schlussendlich einen großen Unterschied.

Oftmals wird der Begriff Dekontamination auch für mehrere Stufen, für normale Reinigungsmaßnahmen oder eine „Grobreinigung“ verwendet.

Bei den Herstellern aus dem feuerwehrtechnischen Bereich dient der Begriff als „Verkaufsargument“, jedoch erst ein besonderes und zertifiziertes, nachgewiesenes Verfahren verdient den Begriff **Dekontamination.**

Viele oberflächliche Verfahren „puffern“ bzw. verdünnen oder reduzieren lediglich den Gefahrstoff, anstatt ihn zu beseitigen.

Unterschiedliche Definitionen zur Dekontamination schaffen eher Verwirrung als Sicherheit.

FwDV 500: Die Dekontamination durch die Feuerwehr (Dekon) bezeichnet eine Grobreinigung von Einsatzkräften einschließlich ihrer Schutzkleidung, von anderen Personen sowie von Geräten und im Allgemeinen eine Reduzierung der Kontamination auf Oberflächen von Lebewesen, Boden, Gewässern oder Gegenständen. Die eigentliche Dekontamination obliegt den Fachbehörden.

Bundesamt für Bevölkerungsschutz und Kathastrophenhilfe: Der Begriff Dekontamination bezeichnet hier die Entfernung einer oder mehrerer gefährlicher Substanzen von einer Oberfläche und, sofern bereits eingedrungen, auch aus den darunterliegenden Schichten.

Der Erfolg einer Dekontamination hängt von verschiedenen Einflüssen ab.

Die Art der kontaminierenden Substanz (chemisch, radiologisch, biologisch), die Dauer der Einwirkung und die Oberflächenbeschaffenheit des betroffenen Areals bzw. Gegenstands.

RKI: Im Fall der Kontamination eines Bereichs mit biologischen Agenzien, z.B. bei Laborunfällen oder Umweltkontamination, gilt es, die Verunreinigung auf ein gesundheitsunschädliches Maß zu reduzieren bzw. vollständig zu entfernen – das heißt zu dekontaminieren. Die Reduktion bzw. Deaktivierung der Keime, die die Erkrankung auslösen – die Desinfektion – geht damit einher.

baua: Dekontamination ist die Zurückführung biologischer Arbeitsstoffe auf die gesundheitlich unbedenkliche Grundbelastung. [10]

2.6 Inkorporation

Begriff aus dem Lateinischen (incorporatio) „Einverleibung“

Als Inkorporation bezeichnet man die Aufnahme von Substanzen oder Fremdkörpern, vor allem von Toxinen, Krankheitserregern oder radioaktiven Stoffen in den menschlichen Körper.

Die Inkorporation kann auf verschiedenen Wegen erfolgen.
Über die Atemwege (Inhalation), den Gastrointestinaltrakt (Ingestion) oder über die Haut (perkutane Resorption)

Inkorporation: Im Vergleich zur „normalen“ Kontamination ist die Inkorporation die gefährlichere Variante der Gefahrstoffaufnahme, da sie direkt auf den Körper einwirkt bzw. in den Körper aufgenommen wird.

Birnthaler

info@birnthaler-parsberg.de • Tel.:+49 94 92 | 90 70 78 • Darshofenerstraße 12b 92331 Parsberg

DekoRolli RC®

Rollcontainer zur Personendekontamination

Der DekoRolli RC® ist als Rollcontainer mit den vorhandenen Transportsystemen kompatibel und im Bedarfsfall nach wenigen Handgriffen vor Ort einsatzbereit. Eine Auffangwanne verhindert, dass gefährliche Stoffe in die Umgebung gelangen und das Abwasser kann entsprechend entsorgt werden kann.

Der Auf- und Abbau des DekoRolli RC® dauert nur wenige Minuten. Dies bringt einen sehr großen Zeitvorteil gegenüber anderen Systemen. Durch die verwendeten Bauteile muss der DekoRolli RC® nach dem Einsatz nicht zum Trocknen auf- und abgebaut werden. Wegen seiner geringen Grundfläche von 1,20 x 0,80 und der Höhe 1,63 m ist der DekoRolli RC® einsatz-, lager- und transportfähig.

- **Auffangwanne, Gitterrost, Seitenteile und Leitungen in Edelstahl**
- **Ablaufhahn für Entsorgung der Waschflüssigkeit**
- **Grundrahmen Aluminium (RC nach Feuerwehrnorm)**
- **4 Lenkrollen, 2 feststellbar, davon 2 über Gestänge gebremst**
- **Anschlussmöglichkeit außen für Staubsauger, innen für Saugschlauch**
- **2 Trittstufen (innen verlastbar)**
- **Dach in Plexiglas**
- **Waschdüsen innen seitlich und oben, von außen bedienbar**
- **Waschdüsen für Stiefelsohle innen, von außen bedienbar**
- **4 Pendeltüren je Seite mit Plexiglas**
- **Druckminderer und Wasserfilter mit Geka Kupplung**
- **Anschlussmöglichkeit außen für Waschbürste**
- **6 m Anschlussschlauch mit C-Storz und Geka Kupplung**
- **2 m Abwasserschlauch mit Geka-Kupplung**
- **Größe: 1,20 x 0,80 m**
- **Max. Transporthöhe : 1,63 m**
- **Max. Höhe ausgefahren: 2,50 m**
- **Gewicht ca.: 282 kg**

2.7 Exposition

Exposition: Kontakt des Organismus oder seiner Teilstrukturen (Gewebe, Zellen, Moleküle) gegenüber externen Einflüssen, z.B.

- biologische (beispielsweise Bakterien),
- physikalische (beispielsweise Radioaktivität, Lärm),
- chemische (beispielsweise Wasser),
- psychische (beispielsweise Stress)
- oder andere Einflüsse der Umgebung.

3 Grundlagen und Voraussetzungen

Brandrauch enthält immer gesundheitsschädliche Stoffe; diese können über Mund, Atemwege, Schleimhäute oder die Haut in den Körper gelangen. Insbesondere in heißem Brandrauch sind die Giftstoffe in höherer Konzentration gasförmig vorhanden und dadurch leicht aufnehmbar.

Deswegen müssen im Einsatzfall von Anfang an alle Maßnahmen ineinandergreifen!

Beginnend mit der Aufstellung der Fahrzeuge über das korrekte Anlegen und Tragen der vollständigen Schutzkleidung.

Auf eine Vermeidung von Kontaminationen im Einsatz und bei den Aufräumarbeiten bis hin zu den abschließenden Reinigungsarbeiten am Standort

Abbildung 1: Brandrauch und seine Bestandteile (Quelle: Lars Seeger)

(Feuerwache, Rettungswache, Atemschutzwerkstatt, Schlauchwäsche usw.) ist zu achten.

Zum Thema Einsatzhygiene im Feuerwehreinsatz gehören einige Punkte, die als Grundlage und „Voraussetzung" der folgenden Kapitel in diesem Buch dienen sollen.

Zwei davon sind die Aufnahmewege von Gefahrstoffen in den Körper und die Führungsverantwortung.

An jeder Einsatzstelle muss mit giftigen/krebserregenden Stoffen gerechnet werden.

3.1 Aufnahmewege

Gefahrstoffe können über drei verschiedene Wege in den Körper gelangen:

- über das Verdauungssystem
- die ungeschützten Atemwege
- und unsere Haut

3.1.1 Verdauungssystem

Der Weg über das Verdauungssystem ist vereinfacht ausgedrückt die Aufnahme von Stoffen über den Mund auf die dort vorhandenen Schleimhäute und so in den ganzen Körper.

Dies wird deutlich veranschaulicht über das bisher „gewohnte" Vorgehen im Brandeinsatz unter umluftunabhängigem Atemschutz. Die Einsatzkraft entfernt nach dem Verlassen des Einsatzbereichs (z.B. eines Gebäudes) den Lungenautomaten vom Atemanschluss (Maske) und zieht diesen gemeinsam mit der Flammschutzhaube vom Kopf. Die während der Brandbekämpfung verlorene Flüssigkeit muss schnell wieder aufgenommen werden und so nimmt die Einsatzkraft direkt die angebotene Wasserflasche und trinkt einen kräfti-

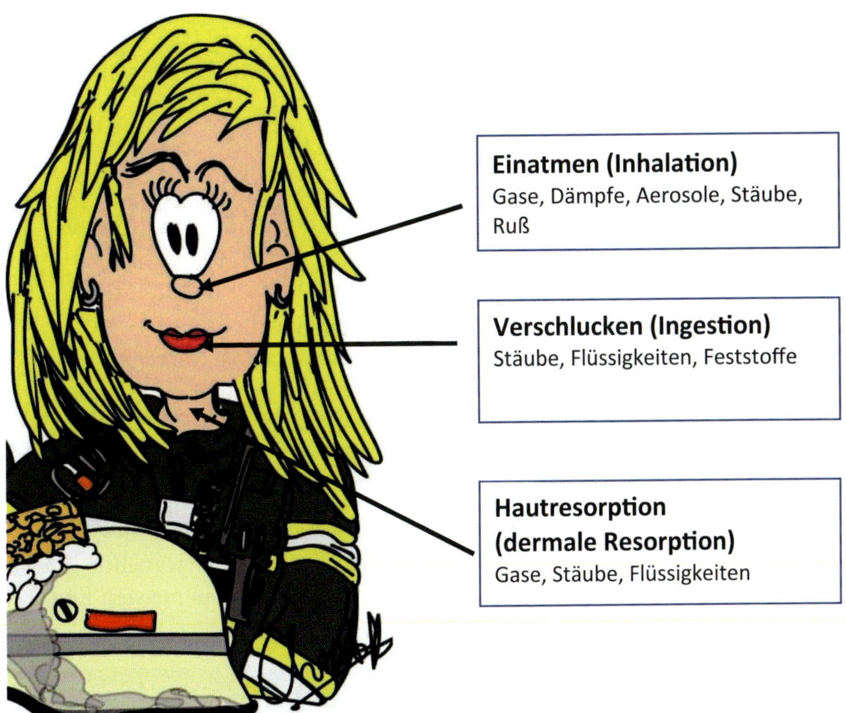

Abbildung 2: Die drei Aufnahmewege von Gefahrstoffen in den menschlichen Körper (Quelle: Christoph Schwarz)

gen Schluck daraus. Die mit Brandrückständen kontaminierten Handschuhe werden angelassen und berühren beiläufig den Mund.

Mit den kontaminierten Händen wird mal eben das verschwitzte Gesicht abgewischt oder der angebotene Schokoriegel wird genüsslich verzehrt. Die Grobreinigung der Hände und des Gesichts **vor** der Nahrungsaufnahme ist zu diesem Zeitpunkt noch nicht geschehen.

Abbildung 3:
Aufnahme über die Nahrung
(Quelle: Jan Leutheußer)

3.1.2 Ungeschützte Atemwege

Die Aufnahme über die ungeschützten Atemwege, also alle Organe, die von Luft durchströmt werden, ist wohl die bekannteste in der Welt der Einsatzkräfte. Schnelle körperliche Reaktionen wie Husten oder tränende Augen auf ausgewählte Stoffe sind die ersten „Alarmzeichen“, den meisten Einsatzkräften leider auch aus eigener Erfahrung bekannt.

Abbildung 4: Einsatzkräfte im Brandrauch (Quelle: Michael Arning)

3.1.3 Die Haut

Der dritte und für uns Einsatzkräfte vielleicht noch unbekannteste Aufnahmeweg ist die dermale Aufnahme – über unsere Haut. Die menschliche Haut ist mit rund 2 m^2 das größte Organ des menschlichen Körpers und nimmt durch die Oberhaut (Epidermis), hier besonders durch die Hornschicht, viele Stoffe direkt auf, speichert diese – auch nach Beendigung der Exposition innerhalb der Haut und verteilt sie danach im ganzen Körper.

Beispielhafte Stoffe sind Benzol, PAK und Toluol. Alles Stoffe, die uns im Einsatzdienst z.B. in Form des Brandrauchs oft begegnen. Steigt die Körpertemperatur der Einsatzkräfte, wird dieser Vorgang durch Steigerung des Blutflusses und der Schweißproduktion noch verstärkt.

Als „Eingangspforte“ für die Gefahrstoffe dienen die in der Oberhaut befindlichen Poren. Diese reagieren auf Temperaturunterschiede und öffnen sich bei Temperaturerhöhungen.

Abbildung 5:
„Moderner Chimney Boy“
(Quelle: Magnus Stahnke)

Die richtige Wahl der Schutzform für die Atemwege der Einsatzkräfte ist abhängig von den vorhandenen oder zu erwartenden Gefahrstoffen an der Einsatzstelle.

Das absolute Minimum ist eine FFP3-Maske z.B. für die Abschlussbegehung einer Brandstelle **nach** einer entsprechend langen Kaltphase des Feuers, die oft unterschätzte Vegetationsbrandbekämpfung oder auch der Schutz vor Viren oder Glasstaub.

CAVE: Hierbei sind aber nicht nur die Augen und die dünne Haut um die Augen vollkommen ungeschützt. Die Schutzwirkung der FFP-Maske ist nur begrenzt.

Abbildung 6:
Mit Brandrauch beaufschlagte FFP-Maske (Quelle: Tobias Braun)

Abbildung 7:
Filtermaske zum Schutz vor inhalativer Aufnahme von Gefahrstoffen
(Quelle: Michael Arning)

Eine Filtermaske mit passendem Filter und den erfüllten Voraussetzungen (ausreichende Sauerstoffkonzentration im Raum, richtiger Filter für entsprechenden Stoff) stellt eine Alternative dar und bietet auch zusätzlich den Schutz der Augen. Durch den begrenzten Wirkbereich aufgrund der genannten Einschränkungen ist der Einsatz einer Filtermaske im Bereich der Feuerwehr besonders für Nachlöscharbeiten innerhalb eines Gebäudes stark abzuwägen und im Rahmen einer Gefährdungsbeurteilung zu entscheiden. Gegenüber einzelnen und den Einsatzkräften bekannten Stoffen, wie z.B. Kampfstoffen, ist ein Filtereinsatz sinnvoll.

Der Goldstandard und bestmögliche Schutz bei einer unbekannten Lage ist und bleibt der umluftunabhängige Atemschutz. Dieser sollte immer die erste Wahl für den Schutz der Einsatzkräfte sein.

Abbildung 8: Einsatz unter PA (Quelle: Jan Leutheußer)

3.2 Führung, Verantwortung und Vorbild

In der Welt der Einsatzkräfte gibt es keine Popstars deren Konzerte man verfolgen kann und die man als Vorbilder anhimmeln kann. Vorbilder spielen aber trotzdem eine große und zentrale Rolle.

Jede neue Einsatzkraft kommt nach ihrem Eintritt in den Einsatzdienst in eine neue Welt, voller verschiedener Charaktere und Persönlichkeiten. Quereinsteiger sind vielleicht schon durch ihre Lebenserfahrung etwas anders geprägt und lassen sich weniger beeinflussen, doch vor allem die jungen Anwärter sind nicht nur wissbegierig, sondern schauen sich alle Einsatzkräfte und deren Verhalten **genau an** und wollen natürlich auch den erfahrenen Einsatzkräften ihr Wissen zeigen und sich beweisen.

Im Laufe der Zeit im Einsatzdienst entwickelt jede Einsatzkraft eigene Verhaltensweisen, die schneller, effektiver oder auch kräfteschonender für sie sind. Gewohnheiten und Verhalten passen sich den Herausforderungen an. Dies ist der normale Lauf der Dinge.

Kommt es aber im Einsatzdienst irgendwann doch zu einem Unfall oder bei einer Einsatzkraft zu einer einschneidenden Diagnose, z.B. Krebs als Langzeitfolge der Einsatztätigkeit, beginnt das kollektive Nachdenken und auch das Nachforschen.

Wo lag das Problem, was wurde nicht beachtet, wer ist schuld?

Die Lösung ist meist nicht einfach, sondern eher komplex. Die Faktoren Führung und Vorbild spielen hierbei aber immer eine große Rolle, genauer gesagt, die Verantwortung und Vorbildrolle von Führungskräften oder höheren Dienstgraden gegenüber der übrigen Mannschaft.

Jede Führungskraft übernimmt mit der Übernahme eines Amtes oder dem Erreichen eines höheren Dienstgrads aufgrund von absolvierten Lehrgängen oder langjähriger Einsatzerfahrung einen neuen Grad der Verantwortung, also eine größere Vorbildrolle. Es entsteht für sie eine sogenannte Fürsorgepflicht gegenüber der Mannschaft.

Dessen muss sie sich stets bewusst sein. Der Schutz der ihr unterstellten Personen muss immer das höchste Gut im Einsatz und Dienstalltag sein.

Jedoch nicht nur Führungskräfte sind in der Verantwortung ihrer Vorbildrolle. Jede Einsatzkraft ist ein Vorbild für seine Kollegen. Dies ist zwar leicht gesagt, jedoch nicht allen und jederzeit bewusst.

Auch ein Popstar vergisst manchmal die eigene Vorbildrolle, wird darüber durch die Medien aber sehr schnell öffentlich aufgeklärt. Dies geschieht in der Feuerwehr nicht.

Im Bereich der Einsatzhygiene spielt die Vorbildfunktion eine äußerst wichtige Rolle für den Gesundheitsschutz der Einsatzkräfte.

Das beste Einsatzhygienekonzept oder teuer beschaffte Material ist nutzlos ohne ein Vorleben der Verantwortlichen.

Abbildung 9: Führen durch Vorbildfunktion (Quelle: Christoph Schwarz)

4 Rechtliche Grundlagen – gesetzlicher Gesundheits- und Arbeitsschutz

4.1 Handlungssicherheit und Informationsleitfaden für Einsatzkräfte – allgemein

Jedes Mitglied oder jeder Beschäftigte in einer Feuerwehr ist grundsätzlich dazu verpflichtet, sich aktiv am Arbeitsschutz zu beteiligen; die **Verantwortung** für den Arbeitsschutz jedoch trägt der **Träger**.

Dabei beziehen sich die Pflichten im Arbeitsschutz auf alle Personen, die einen Betrieb ganz oder zum Teil leiten (Kommandanten, Wehrleiter oder deren Vertreter). Doch auch die weiteren **Führungskräfte**, egal ob temporär oder langfristig eingesetzt, sind nicht aus der Verantwortung entlassen. Zu diesen Personen gehören beispielsweise die Gruppenführer.

Die Pflichten der Mitglieder oder **Beschäftigten ohne Führungsverantwortung** – dazu gehört übrigens auch der Sicherheitsbeauftragte – beschränken sich darauf, den Unternehmer und die Vorgesetzten bei der Umsetzung zu unterstützen. Sie müssen die Unterweisungen und Weisungen der Führungskräfte befolgen und tragen somit zur eigenen Sicherheit und Gesundheit ihrer Kollegen bei. Das schließt auch die Meldung an den Vorgesetzten mit ein, wenn Situationen auftreten, die potenziell eine (erhebliche) Gefahr für die Sicherheit und Gesundheit darstellen können.

Der Träger des Brandschutzes hat darüber hinaus die Umsetzung der Arbeitsschutzpflichten regelmäßig zu kontrollieren und für eine geeignete Organisation zu sorgen, um den Schutz jederzeit zu gewährleisten.

Konkret beinhaltet dies die Bereitstellung der erforderlichen Mittel, bspw. geeignete Arbeitsgeräte und/oder eine Persönliche Schutzausrüstung.

Er hat zusätzlich Vorkehrungen zu treffen, damit die Arbeitsschutzmaßnahmen bei allen Tätigkeiten beachtet werden und die Mitglieder oder Beschäftigten ihren Mitwirkungspflichten nachkommen können. Diese Pflichten sind nicht übertragbar.

Es gibt Pflichten und Aufgaben im Arbeitsschutz, die auf einzelne Führungskräfte oder weitere Personen übertragen werden können, falls der Unternehmer bzw. Träger des Feuerwehrwesens zeitlich oder örtlich nicht in der Lage ist, diese sinnvoll auszuüben. Dazu gehört beispielsweise, die Verwendung von Persönlicher Schutzausrüstung oder die Dokumentation von Tätigkeiten zu kontrollieren.

Auch wenn also in einer Feuerwache alle Mitglieder ihren Beitrag zur Sicherheit und Gesundheit am Arbeitsplatz leisten müssen, gilt für den Träger und die Führungskräfte jedoch ganz besonders:

Wer Weisungsbefugnis hat, trägt auch automatisch die Verantwortung!

Die Rechtssicherheit sowohl für Vorgesetzte als auch für die Mitglieder bzw. Beschäftigten lässt sich erhöhen, wenn die Details schriftlich geregelt sind, beispielsweise durch Hygienerahmenpläne. So entsteht eine Kultur des Arbeitsschutzes, die zu klaren Verantwortlichkeiten und Zuständigkeiten und somit zu einer besseren Verhütung von Unfällen bei der Arbeit und arbeitsbedingten Gesundheitsgefahren führt.

4.2 Rechtliche Grundlagen für Führungskräfte

Als Träger des Feuerwehrwesens sind die Gemeinden und Kommunen auch für die Umsetzung des Arbeitsschutzes zuständig und verantwortlich.

Sie sind verpflichtet, die Feuerwehrangehörigen umfassend vor Gefahren zu schützen oder sie, mit den Möglichkeiten nach dem aktuellen Stand der Technik, auf ein Minimum zu reduzieren. Je gravierender die Folgen sein können, die daraus resultieren, desto weitreichender müssen Präventionsmaßnahmen sein.

Für eine strikte Einhaltung von Vorgaben besteht unter anderem die Verpflichtung zur umfassenden Information und Aufklärung (Unterweisung) der Mitarbeiter über diese Gefährdungen und eine Reduzierung durch mögliche ersetzende (substituierende) Maßnahmen. Geregelt ist diese Unterweisungspflicht bspw. im § 12 des Arbeitsschutzgesetzes (ArbSchG).

Eine weitere Verpflichtung liegt in der Dokumentation von Tätigkeiten mit krebserzeugenden, keimzellmutagenen oder reproduktionstoxischen Gefahrstoffen der Kategorie 1A oder 1B. Hierbei handelt es sich um Stoffe, bei denen sich infolge einer Gefährdungsbeurteilung nach § 6 GefStoffV eine Gefährdung der Gesundheit oder der Sicherheit der Beschäftigten ergibt.

Eine Unterlassung der Umsetzung oder sogar eine Zuwiderhandlung der rechtlichen Grundlagen und Arbeitsschutzvorschriften kann bei Verstoß als Ordnungswidrigkeit, mit der Zahlung von bis zu 50.000 € bis hin zu einer Verhängung von Freiheitsstrafen, geahndet werden.

Dabei genügt es, wenn fahrlässig gegen die Pflichten verstoßen wurde, also bei nicht gebotener Sorgfalt (die Gefahr hätte erkannt werden können).

Gleiches gilt auch für den Vorgesetzten bzw. Einsatzleiter. Er haftet persönlich nach § 111 SGB VII und § 823 BGB.

Verstöße gegen Arbeitsschutzvorschriften mit Ahndung als Ordnungswidrigkeiten, im Anwendungsbereich der

- GefStoffV bis zu 50.000 € Geldbuße
- ArbSchG bis zu 30.000 € Geldbuße/Freiheitsstraße
- UVV bis zu 10.000 € Geldbuße (§ 209 SGB VII)
- Persönliche Haftung des Führungspersonals nach § 111 SGB VII und nach § 823 BGB

5 Einsatzhygiene im Brandeinsatz

Der Brandeinsatz ist zwangsläufig die Einsatzform, bei der Feuerwehrangehörige am ehesten mit Brandfolgeprodukten und somit mit Gefahrstoffen in Kontakt kommen. Gerade deswegen müssen sich alle Einsatzkräfte bestmöglich schützen, um sich nicht zu kontaminieren.

Jedoch nicht nur Einsatzkräfte sind von einer Kontamination betroffen, auch deren Equipment kann kontaminiert werden. Fahrzeuge, die im Brandrauch mit offenen Geräteräumen oder Fenstern stehen, sind ebenfalls den Schadstoffen ausgesetzt. Auch werden Schläuche, Funkgeräte, Atemschutztechnik usw. mit Brandrauch beaufschlagt.

Werden diese im Nachgang nicht sorgfältig gereinigt oder dekontaminiert bzw. desinfiziert, findet weiter eine Kontaminationsverschleppung statt.

Nicht zu vergessen sind weitere, mittelbar an der Einsatzstelle anwesende Personen, die dem Brandrauch ausgesetzt sind oder waren, wie z.B. Bewohner, Mitarbeiter von Brandobjekten oder Passanten.

Der korrekte Umgang mit den Gefahrstoffen im Brandrauch betrifft alle Einsatzkräfte, die an einem Brandeinsatz beteiligt sind.

Er betrifft neben den Kräften der Feuerwehr, auch Kräfte des Rettungsdiensts, der Polizei oder des THW!

Dies betrifft aber nicht nur den Bereich Gebäudebrandbekämpfung – das Thema Vegetationsbrandbekämpfung beschäftigt uns Einsatzkräfte immer mehr und muss auch in der Einsatzhygiene an und nach der Einsatzstelle ernst genommen werden.

Abbildung 10: Vegetationsbrand (Quelle: Christopher Benkert)

Checkliste für die Einsatzleitung

- Berichtet dem übernehmenden Rettungsdienst über Kontaminationen von Personen.
- Informiert andere am Einsatz beteiligte Organisationen über mögliche Kontaminationsgefahren (z. B. Kohlenmonoxid, GFK, Schmutzwasser).
- Nutzt alle Möglichkeiten, um Kontamination an der Einsatzstelle zu reduzieren.
- Informiert auch sekundär am Einsatz Beteiligte (z.B. Krankenhauspersonal, Atemschutzwerkstatt usw.) über mögliche Kontaminationsgefahren.
- Dokumentiert so viel und so ausführlich wie möglich (Atemschutznachweis, Einsatzbericht, Expositionsverzeichnis).

5.1 Feuerwehr im Brandeinsatz

Feuerwehrkräfte, die bei der Brandbekämpfung zum Einsatz kommen, müssen drauf achten, dass sie die vollständige Einsatzbekleidung korrekt tragen. Dieses gilt erst recht für die, die unter Atemschutz zum Einsatz kommen. Sie müssen drauf achten, dass sie lückenlos die Einsatzkleidung inkl. Atemschutztechnik angelegt haben.

Da sich der Atemschutztrupp in der Regel schon auf der Anfahrt mit Atemschutz ausrüstet, kann ihm sein gegenüber Sitzender beim Ausrüsten und Anziehen unterstützen und darauf achten, dass die Kleidung vollständig und korrekt sitzt und notfalls noch eingreifen.

Abbildung 11: Unterstützung beim Ausrüsten (Quelle: Thomas Keck)

Ansonsten kontrolliert sich der Atemschutztrupp bei gegenseitigem Anschließen des Lungenautomaten, ob alles korrekt angelegt ist.

Es dürfen keine Hautstellen ungeschützt sein!

Ein Einsatzgrundsatz in der FwDV 7 (Atemschutz) besagt:

„… Die Einsatzkräfte innerhalb eines Trupps unterstützen sich insbesondere beim Anschließen des Atemanschlusses (Lungenautomat) und kontrollieren gegenseitig den sicheren Sitz der Atemschutzgeräte sowie die richtige Lage der Anschlussleitungen und der Begurtung. (…)“

Schwachstellen an der Brandschutzkleidung beim Ausrüsten sind oft die Bereiche zwischen Flammschutzhaube und Kragen der Einsatzjacke, der Bereich zwischen Stiefel und Einsatzhose sowie zwischen Ärmel und Handschuh. Hier können Wasserdampf, Hitze und Rauchgase eindringen und so eine Kontamination verursachen. Daher ist auf das korrekte Anlegen im besonderen Maße zu achten.

Abbildung 12:
Falsch angelegte Flammschutzhaube
(Quelle: Thomas Keck)

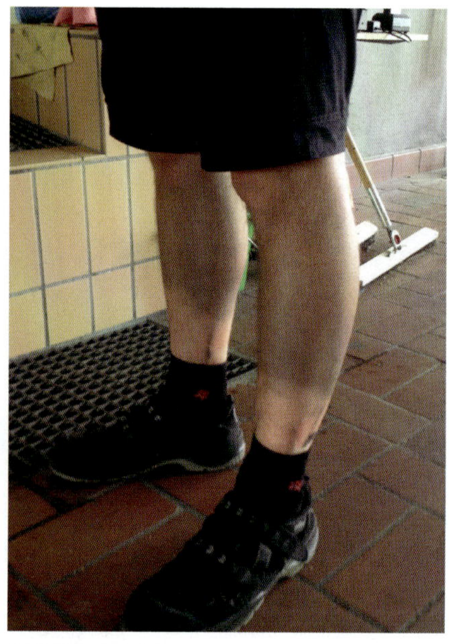

Abbildung 13:
Problematisch sind zu kurze Anziehsachen unter der Schutzkleidung
(Quelle: Thomas Keck)

Eine höhere Gefahr der Kontamination besteht darin, dass man unter der Einsatzkleidung schwitzt und sich somit die Poren der Haut öffnen.

Bei einer Erhöhung der Körpertemperatur um 5 °C steigt die Aufnahmefähigkeit von Giftstoffen um 400 %.

Bei der Fahrzeugaufstellung ist darauf zu achten, dass diese, so weit wie möglich, außerhalb der Rauchzone in Stellung gebracht werden. Das Eindringen von Rauchgasen und anderen Brandfolgeprodukten in das Innere der Mannschaftskabine und der Geräteräume ist zu vermeiden und es ist darauf zu achten, dass Fenster, Türen und Geräteräume vollständig geschlossen sind und die externe Fahrzeuglüftung ausgeschaltet ist.

Weit verbreitet ist mittlerweile auch der Einsatz des mobilen Rauchverschlusses (auch bekannt unter Rauchvorhang). Dieser dient nicht nur zum Freihalten von Rauch von Fluchtwegen und zur Vermeidung einer Rauchausbreitung in den Treppenraum, sondern auch zur Bestimmung der Grenze zwischen dem Schwarz- und Weiß-Bereich im Innenangriff.

Abbildung 14: Eingesetzter Rauchvorhang im Innenangriff (Quelle: Jan Leutheußer)

Jede Einsatzkraft, die durch den Rauchvorhang den Einsatzort (z.B. eine Wohnung) betritt, ist im kontaminierten Bereich und muss beim Verlassen eine Grobreinigung durchführen.

Wenn kein Rauchverschluss genutzt wird, ist die Grenze zwischen Schwarz- und Weiß-Bereich zu definieren, zum Beispiel die Wohnungstür.

Während der Löscharbeiten durch die Atemschutztrupps und bis ca. zwei Stunden danach (warme Brandstelle, vfdb Regel), ist in dem Bereich der Brandstelle Atemschutz zu tragen, da sich immer noch Gefahrstoffe in der Umgebungsluft befinden.

Sind die Arbeiten für den Atemschutztrupp beendet, muss dieser eine festgelegte Reihenfolge beim Ablegen der Ausrüstung einhalten. Hierbei wird er am besten von einer weiteren Einsatzkraft unterstützt *(siehe Abbildung 11)*. Eine nachträgliche Kontamination mit Schadstoffen ist zwingend zu vermeiden.

Die Nahrungsaufnahme sollte erst nach Ablegen der kontaminierten Einsatzkleidung und nach gründlicher Reinigung von Gesicht und Händen erfolgen.

An der Einsatzstelle sollte eine Grobreinigung von Einsatzstiefeln, Helm und verschmutzten Geräten durchgeführt werden. Verschmutzte PSA und Geräte sind außerhalb des Mannschaftsraums, luftdicht verpackt, zu transportieren. Es sollte darauf geachtet werden, dass diese Behältnisse für die Servicebereiche bzw. Werkstätten gekennzeichnet sind. Somit ist für die alle Personen, die mit der Wartung, Pflege und Reinigung befasst sind, erkenntlich, um welchen Inhalt es sich handelt und welche Schutzmaßnahmen ergriffen werden müssen.

Einsatzkräfte, die diese Maßnahmen vor Ort durchführen, verwenden ebenfalls eine entsprechende Schutzausrüstung, um sich vor Kontamination zu schützen, mindestens eine FFP3-Maske.

powered by

SICHERES ABLEGEN KONTAMINIERTER SCHUTZAUSRÜSTUNG „TRAIN AS YOU FIGHT!“

Die Umsetzung des folgenden Ablaufes führt zu einem weitestgehenden Schutz der Feuerwehreinsatzkräfte und somit zu einer Minimierung des Krebsrisikos! Er sollte daher oft trainiert und geübt werden, um eine notwendige Sicherheit und Routine zu erlangen.

Nach Verlassen der Primäreinsatzzone, Grobreinigung durchführen. Abbürsten, Ausschütteln oder Ausklopfen. Handschuhe anbehalten! Windrichtung beachten und Abstand vom „Weißbereich“ halten.

Benetzen der Schutzausrüstung zum Abwaschen oder Binden von Brandrückständen, Rußpartikeln oder Fasern. **Achtung:** Verbrühungsgefahr bei erneutem Einsatz im Innenangriff!

Rauchfreien Bereich aufsuchen* (Sekundäreinsatzzone). Auf sauberem und trockenem Untergrund hinknien. Funkgeräte, WBK und sonstiges Equipment an Assistenten übergeben und verpacken.

Öffnen und Lösen der Hüft- und Schultergurte des Atemschutzgerätes.

Atemschutzgerät bei angeschlossenem Lungenautomaten zur Seite ablegen (Restdruckkontrolle!)

Helm abnehmen, an Assistenten übergeben und verpacken.

Klettverschluss am Hals lösen.

Flamm- oder Partikelschutzhaube mit beiden Händen langsam nach vorne über die Atemschutzmaske und den Niederdruckschlauch des Lungenautomaten ablegen.**

Klett- und Reißverschluss öffnen (optional Nutzung des Panikreißverschlusses).

Jacke zu den Seiten mehrfach aufschlagen und auslüften. **WICHTIG:** Dabei nicht das Jackeninnenfutter kontaminieren!

Klettverschlüsse der Handschuhe lösen und Stulpe nach außen über das Bündchen krempeln.

Mit Unterstützung Handschuhe ausziehen und Einweghandschuhe anlegen lassen (optional Baumwoll- oder THL-Handschuhe).

Schutzjacke nach hinten, über links ausziehen und ablegen.

Maskenbebänderung lösen und ablegen (optional Maske im „C-Griff“ fassen und nach hinten abziehen).

Mit speziellen Dekontaminations- und Hautreinigungstüchern Gesicht, über den Kopf nach hinten zum Hals- Nackenbereich und anschließend die Unterarme abwischen.

Geeignete partikelfilternde Halbmaske anlegen (FFP3, Schutzbrille optional). Ggfs. restliche PSA nach gleichem Vorgehen ablegen.

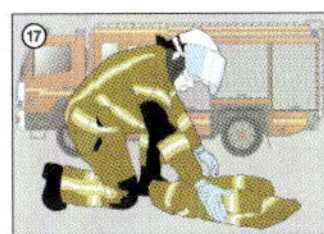

Kontaminierte, abgelegte Schutzkleidung, zusammenlegen ...

... und in geeignete, luftdichte Behältnisse verpacken (PE-, wasserlösliche oder spezielle Stoffbeutel) und mit relevanten Informationen für die weiterverarbeitenden Servicebereiche beschriften.

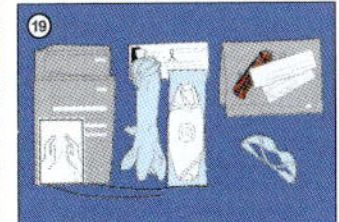

Persönliche Gegenstände extra verpacken!

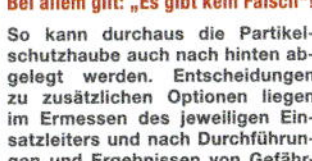

Bei allem gilt: „Es gibt kein Falsch“!

So kann durchaus die Partikelschutzhaube auch nach hinten abgelegt werden. Entscheidungen zu zusätzlichen Optionen liegen im Ermessen des jeweiligen Einsatzleiters und nach Durchführungen und Ergebnissen von Gefährdungsbeurteilungen!

Witterungsbedingt sollten Fahrzeuge, Zelte oder Container als Umkleide- und Aufenthaltsmöglichkeiten vorgehalten werden. Duschen optional.
*Bei diesem Vorgang sind mehrere Varianten möglich.

FEUERKREBS

www.feuerkrebs.de

Abbildung 15: Sicheres Ablegen kontaminierter Schutzausrüstung nach dem Einsatz (Quelle: FeuerKrebs®)

5.2 Rettungsdienst im Brandeinsatz

Auch für die Rettungsdienstkräfte, inkl. deren medizinischem Gerät, besteht die Gefahr der Kontamination durch Brandrauch und Brandfolgeprodukte. Daher müssen auch sie auf die Vollständigkeit ihrer Schutzkleidung achten. Auch sollte der Bereitstellungs- und Aufstellungsort der Rettungsdienstfahrzeuge so gewählt werden, dass sie zum einen nicht im Gefahrenbereich stehen und auch nicht eventuell nachrückende Feuerwehrkräfte blockieren.

Genauso muss ein ungehinderter Patientenabtransport sichergestellt sein.

Rettungsdienstkräfte am Einsatzort sollten immer in enger Absprache mit den Feuerwehreinsatzkräften vor Ort sein.

Umgang mit Patienten und Betroffenen im Brandeinsatz (Kontamination, Beaufschlagung)

Der Rettungsdienstbereich ist geprägt von Vorgaben zum Umgang mit infektiösen Patienten. Es ist beschrieben, welche Schutzmaßnahmen sie einhalten müssen, angefangen von der Persönlichen Schutzausrüstung bis hin zur korrekten Reinigung und Desinfektion ihrer Fahrzeuge und ihres Equipments nach einem solchen Einsatz (Hygienerahmenpläne).

Bei einer Vielzahl von Brandeinsätzen sind sehr oft Personen beteiligt, die meist nicht offensichtlich verletzt oder behandlungsbedürftig sind. Entweder konnten sie sich vor Eintreffen der Feuerwehr ins Freie retten oder sie wurden durch die Feuerwehr ins Freie gebracht oder gerettet. Diese werden dann in der Regel auch durch den Rettungsdienst vor Ort gesichtet, behandelt und gegebenenfalls ins Krankhaus befördert.

Deswegen ist es erforderlich, dass bei der Patientenübernahme durch den Rettungsdienst besondere Schutzmaßnahmen eingehalten werden. So kann eine Kontamination verringert oder eine Verschleppung verhindert werden.

Abbildung 16: Rettungsdienst bei der Patientenübernahme im Brandeinsatz (Quelle: Feuerwehr Braunschweig)

Nach Möglichkeit sollte die Erstversorgung außerhalb des Gefahrenbereichs im Freien stattfinden, damit eine Ausgasung der getragenen Kleidung des Patienten stattfinden kann, wenn ein Ablegen bspw. aufgrund von schlechten Witterungsverhältnissen nicht möglich ist.

Falls notwendig, können dort auch in Absprache mit der Feuerwehr Reinigungs- oder Dekontaminationsmaßnahmen stattfinden. So kann eine Verschleppung von Kontaminationen in den Rettungswagen verhindert werden.

Bei einer Versorgung im Rettungswagen sollte auf ausreichende Belüftung geachtet werden.

Auch sollte weiterhin die komplette Schutzkleidung des Rettungsdienstpersonals getragen werden, um eine Kontamination zu vermeiden. Es empfiehlt sich das Tragen einer FFP3-Maske.

Bei der Behandlung im Fahrzeug ist auf eine vernünftige Belüftung des Behandlungsraums zu achten. Findet ein Ablegen der PSA statt, ist diese, genau wie bei der Brandschutzkleidung, luftdicht zu verpacken und zu transportieren. Gleiches gilt für die Patientenbekleidung!

Bei der Patientenübergabe im Krankenhaus ist das Krankenhauspersonal über eventuelle Kontaminationen zu informieren.

5.3 Selbstkontrolle und Testfragen

(Lösungen siehe Seite 104)

1. Worauf muss beim Anlegen der Persönlichen Schutzausrüstung im Brandeinsatz geachtet werden?

a) Dass die Einsatzjacke und die Hose sowie die Flammschutzhaube vom selben Hersteller stammen.
b) Dass die komplette Einsatzkleidung inkl. Helm, Stiefel und Handschuhe lückenlos zu tragen ist und keine Hautstellen frei sind.
c) Dass beim Anlegen auf der Anfahrt zum Einsatzort der gegenüber Sitzende beim Ausrüsten Hilfestellung gibt.

2. Wie ist bei einem Brandeinsatz an der Einsatzstelle die Fahrzeugaufstellung zu wählen?

a) Vor der Einsatzstelle in sicherer Entfernung.
b) An der Einsatzstelle vorbei, um schnell Fahrzeugumstellung vollziehen zu können.
c) Möglichst außerhalb der Rauchgrenze, Fenster und Türen geschlossen, Lüftung aus. Geräteräume, die nicht genutzt werden, geschlossen halten.

3. Wann sollte nach dem Einsatz im Innenangriff die Nahrungsaufnahme stattfinden?

a) Nachdem Atemschutz und Einsatzkleidung abgelegt wurden.
b) Nachdem verschmutzte Kleidung abgelegt wurde und nach gründlicher Reinigung von Gesicht und Händen.
c) Erst im Feuerwehrhaus, weil es hier am saubersten ist.

4. Wie sollte in einem Rettungswagen (RTW) die Versorgung eines Patienten aussehen, der kontaminiert ist?

a) Normal, wie bei jedem anderen Patienten im RTW auch.
b) RD-Personal sollte vollständige Schutzkleidung tragen, inkl. FFP3-Maske und Handschuhe, RTW sollte ausreichend belüftet sein.
c) Die Kleidung der Patienten, die entkleidet werden, sollte auch wie die Kleidung der AGT in Säcken verschlossen gelagert werden.

6 Einsatzhygiene beim Technischen Hilfeleistungseinsatz

Denken wir an Einsatzhygiene, dann denken wir direkt an den Brandeinsatz und die erhöhte Krebsgefahr durch die Bestandteile des Brandrauchs.

Doch hinter dem Begriff Einsatzhygiene steckt noch einiges mehr und das Stichwort „Brandeinsatz" ist schon lange nicht mehr die Hauptarbeit der Feuerwehr. Ein Großteil der heutigen Einsätze ist die sogenannte Technische Hilfeleistung.

Abbildung 17: Beispiele vorkommender Gefahrstoffe im TH-Einsatz (Quelle: Feuerwehr Saarbrücken)

Diese Technische Hilfeleistung erstreckt sich vom klassischen Verkehrsunfall mit eingeklemmten oder eingeschlossenen Personen über den Wasserschaden im Wohngebäude bis hin zum oft alarmierten, aber immer wieder anders vorzufindenden Stichwort: Öffnen einer Wohnungstür für den Rettungsdienst, die Polizei oder alle anderen Arten der Amtshilfe.

Eines hat diese Vielzahl von Varianten an TH-Einsätzen jedoch gemeinsam: Sie alle halten eine bekannte, aber auch oftmals unbekannte Anzahl von Gefahren für uns Einsatzkräfte bereit.

Checkliste für die Einsatzleitung

- Berichtet dem übernehmenden Rettungsdienst über Kontaminationen von Personen.
- Informiert andere am Einsatz beteiligte Organisationen über mögliche Kontaminationsgefahren (z. B. Kohlenmonoxid, GFK, Schmutzwasser).
- Nutzt alle Möglichkeiten, um Kontamination an der Einsatzstelle zu reduzieren.
- Informiert auch sekundär am Einsatz Beteiligte (z.B. Krankenhauspersonal, Atemschutzwerkstatt usw.) über mögliche Kontaminationsgefahren.
- Dokumentiert so viel und so ausführlich wie möglich (Atemschutznachweis, Einsatzbericht, Expositionsverzeichnis).

Wie bereits im Kapitel 3.1 erläutert, gibt es verschiedene Wege der Aufnahme von Gefahrstoffen in unseren Körper.

Diese sind zwar vergleichbar, unterscheiden sich jedoch wiederum zwischen Brandeinsatz und TH-Einsatz.

Nehmen wir als Beispiel einen Verkehrsunfall mit eingeklemmter Person:

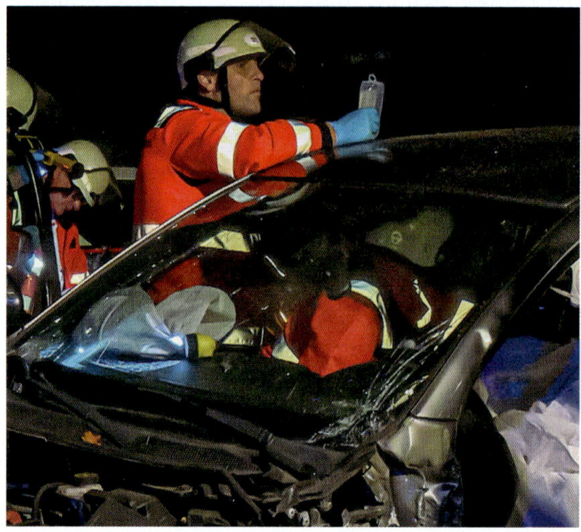

Abbildung 18:
Rettungsdienst und Feuerwehr bei einem Verkehrsunfall
(Quelle: Michael Arning)

6.1 Schutz vor einer Aufnahme über den Körper

Am bekanntesten ist die Gefahr der Infektion durch eine **Kontamination bzw. Inkorporation mit Körperflüssigkeiten.**

Je nach Verletzungsmuster und Einsatzart ist der Kontakt mit Blut, austretenden Organen oder anderen Körperflüssigkeiten zu erwarten und ein Schutz dagegen bzw. die Reinigung danach entsprechend zu beachten.

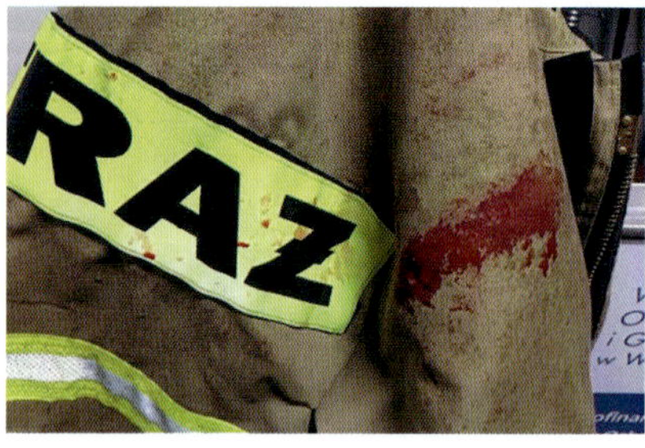

Abbildung 19:
Biologische Verunreinigung nach einem Verkehrsunfall (Quelle: Jan Leutheußer)

Doch es gibt noch weitere Aufnahmewege von Gefahrstoffen für Einsatzkräfte.

6.1.1 Schutz vor einer Aufnahme über die Atemwege und Schleimhäute

Durch Glasstaub, beim Entfernen oder Schneiden einer Windschutzscheibe (ESG oder VSG) oder z.B. bei der Entstehung von CFK-Faser-Stäuben beim Schneiden einer Fahrzeugsäule, besteht die akute Gefahr einer Inkorporation über die Atemwege von potenziell gesundheitsgefährdenden und leicht lungengängigen Stoffen.

Anders als beim Brandeinsatz ist das Schützen der Atemwege durch umluftunabhängigen Atemschutz (noch) keine Selbstverständlichkeit und muss nach Durchführung einer Gefährdungsbeurteilung besonders beachtet werden.

Abbildung 20: Staubbildung beim Arbeiten mit Trenn- und Schneidgeräten (Quelle: @fire)

Das bedeutet nicht, ab sofort jeden Einsatz nur noch unter umluftunabhängigem Atemschutz abzuarbeiten.

Eine Sensibilisierung der Einsatzkräfte zum Tragen einer FFP3-Maske bei Patientenkontakt, beim Arbeiten mit Glasstaub oder anderen Stäuben und Fasern sowie eine Anordnung der Führungskräfte bei entsprechenden Einsatzstellen wird hier empfohlen.

Das Herunterklappen des Visiers (Gesichtsschutz) reicht **nicht** aus!

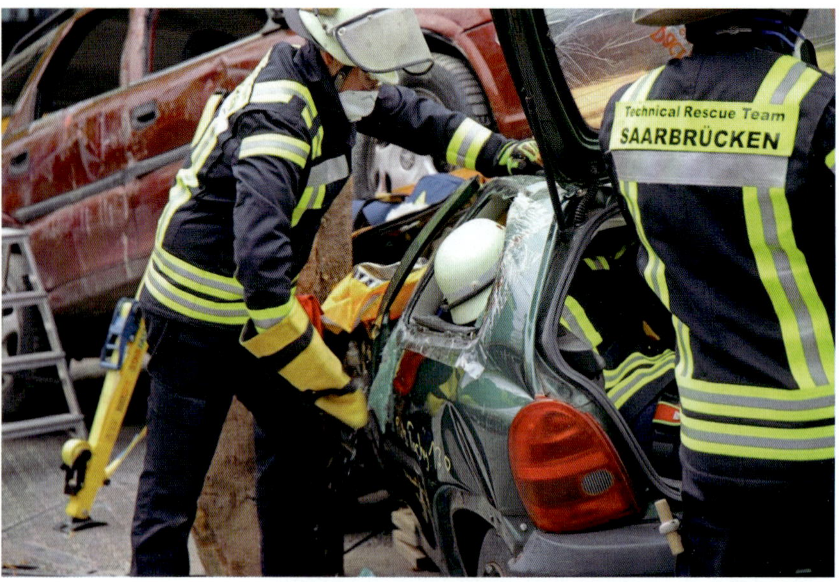

Abbildung 21: Ausräumen einer Seitenscheibe mit Kantenschutz (Quelle: TRT Saarbrücken)

Praxistipp: Auch das schnelle Ausräumen einer gekörnten Scheibe mit den Handschuhen führt schnell und unbeabsichtigt zu einer Aufnahme von sehr kleinen Glaspartikeln, auch beim Abwischen von Schweiß oder dem Versorgen und Untersuchen eines Patienten.

Effektive und einfache Lösung: Hierfür einfach einen Kantenschutz nutzen.

6.1.2 Schutz vor einer Aufnahme über offene Hautpartien bzw. Poren

Der Schutz vor einer Aufnahme von Stoffen über die offenen Hautpartien wird bei der Technischen Hilfeleistung ab dem ersten Tag geschult durch das selbstverständliche Tragen von Einmalhandschuhen unter den TH-Handschuhen bei Patientenkontakt.

Anders als beim Brandeinsatz geht es hier aber nicht primär um den Schutz vor Partikeln aus dem Brandrauch. Besonders während des Auskleidens sollte hier der Schutz vor Körperflüssigkeiten und Gefahrstoffen im Fokus stehen.

Das Tragen von Brandeinsatzhandschuhen zur Technischen Hilfeleistung ist neben der geringeren Fingerfertigkeit durch den Aufbau des Handschuhs auch aufgrund der Kontaminationsverschleppung zu vermeiden.

Das komplette Tragen und Verschließen der PSA zur Verhinderung des Eindringens von Glaspartikeln oder anderen Gefahrstoffen ist Voraussetzung.

Abbildung 22: Glasstaub und Glassplitter – Gefahr für Retter und Gerettete (Quelle: jp-gansewendt-photography)

6.1.3 Schutz vor einer Aufnahme über die Augen

Neben dem Schutz der Atemwege bzw. Schleimhäute und der offenen Hautpartien spielt der Schutz der Augen bei der Technischen Hilfeleistung eine besondere Rolle. Viele Stoffe können leicht über die Augen in den Körper aufgenommen werden und zu Beeinträchtigungen mit Langzeitfolgen führen.

Hierbei handelt es sich nicht nur um Splitter von Glas oder Metallen, sondern es können auch austretende Flüssigkeiten, Partikel oder Stäube sein. Mittel der Wahl ist hier eine Schutzbrille, die auch für Brillenträger einen sehr effektiven Schutz durch den rundum abschließenden Rahmen darstellt.

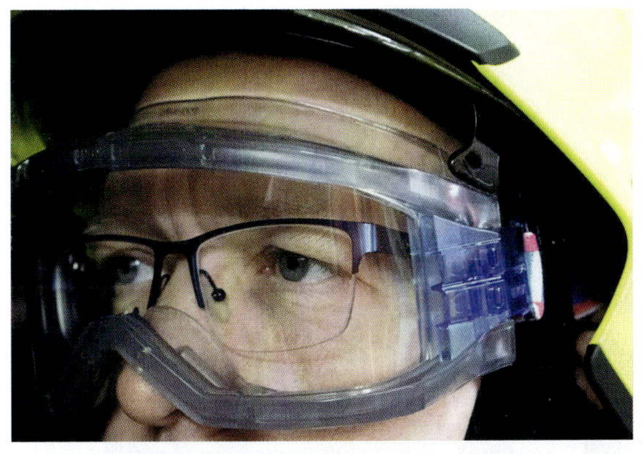

Abbildung 23: Schutzbrille für Arbeiten mit Trennschneidgeräten (Quelle: Jan Leutheußer)

Abbildung 24: Wie ein Geschoß – Beinaheunfall mit zersprungener Trennscheibe. Das hätte ins Auge gehen können! (Quelle: Jan Leutheußer)

6.2 Schutzanzug – Persönliche Schutzausrüstung

Welche Rolle spielt die richtige Auswahl der Bekleidung?

Ist bei einem Brandeinsatz im Innenangriff eine Bekleidung nach EN 469 zu tragen, so ist dies bei der Technischen Hilfeleistung nicht gefordert.

Abbildung 25: PSA für die Technische Rettung (Quelle: Jan Leutheußer)

Abbildung 26: PSA für die Brandbekämpfung (Quelle: Lutz König)

Das Tragen ist für die Einsatzkräfte sogar potenziell gefährlich.

Was sind die Folgen für den Träger in einem Brandeinsatz nach dem Knien in einer Benzinlache beim vorher abgearbeiteten Verkehrsunfall?

Welche gesundheitlichen Konsequenzen kann das Arbeiten in Brandschutzbekleidung während eines Vegetationsbrands bei 30 °C für die eingesetzten Kräfte haben?

Empfehlenswert ist, von Seiten der DGUV, das Vorhalten zweier Bekleidungssätze für jede Einsatzkraft. Eine für den Einsatz im Innenangriff (nach EN 469) und eine für die Technische Hilfeleistung und Vegetationsbrandbekämpfung (nach EN 11612).

6.3 Kontamination Material – nach der Einsatzstelle

Die Gefahr einer Kontaminationsverschleppung über das Einsatzfahrzeug in die Feuerwache bzw. Rettungswache oder sogar ins eigene Zuhause, ist neben dem Brandeinsatz durchaus gegeben. Deshalb empfehlen wir auch hier bei einer offensichtlichen Kontamination das Entkleiden nach dem Auskleidungsprozedere von FeuerKrebs *(siehe Abbildung 15)*.

Bereits etablierte Einsatzhygienekonzepte für Ersatzkleidung, Schwarz-Weiß-Trennung und Grobreinigung an der Einsatzstelle und der Feuerwache für Mensch und Material sind auch bei der Technischen Hilfeleistung zu bedenken und einzusetzen.

Abbildung 27: Kontaminiertes Material nach einer Technnischen Hilfeleistung (Quelle: TRT Saarbrücken)

6.4 Besondere Einsatzlagen

Gesondert zu betrachten sind besondere Einsatzlagen wie z.B. der Einsatz in Hochwassergebieten.

Auch bei Einsätzen über mehrere Tage oder sogar Wochen ist die Einsatzhygiene für die Kräfte persönlich sowie für das Material nicht zu vernachlässigen. Der Kontakt und die Aufnahme von Krankheitserregern, Keimen, Betriebsstoffen und anderen Gefahrstoffen ist jederzeit möglich und entsprechend zu verhindern.

Die PSA der eingesetzten Kräfte sollte hier mit zusätzlicher Persönlicher Schutzausrüstung, z.B. Gummistiefel und gegebenenfalls Wathose, sowie durch FFP3-Maske und entsprechende Chemikalienschutzhandschuhe ergänzt werden.

Abbildung 28:
PSA trocknet auf dem Zaun (Ahrtal)
(Quelle: Katastrophenschutzzentrum Landkreis St. Wendel)

Eine entsprechende Möglichkeit zur Grobreinigung der Einsatzkräfte, der PSA und dessen Nachführung ist in diesen Fällen eine logistische Herausforderung, die aber mit entsprechender Vorplanung und einem Konzept umsetzbar ist.

Die persönliche (Körper-)Hygiene in Form von Duschen ist hierbei nicht zu vergessen, da auf diesem Weg auch Gefahrstoffe in der Hautoberfläche zeitnah ausgeleitet werden.

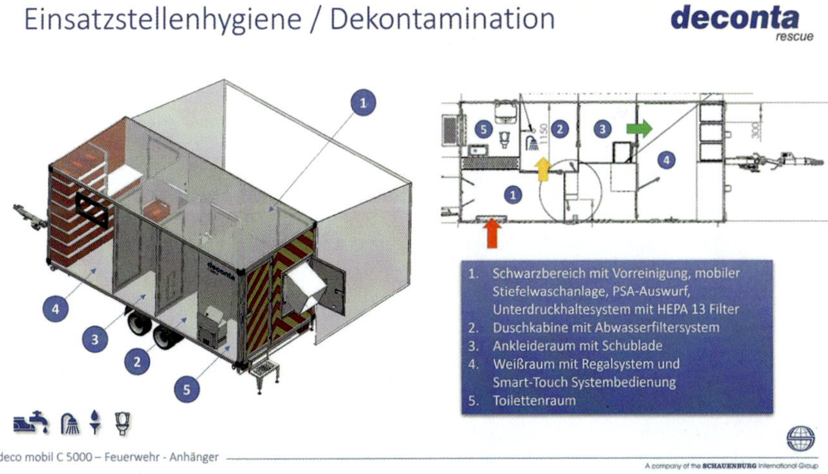

Abbildung 29: Einsatz-Hygieneanhänger (Quelle: deconta)

Abbildung 30:
AB Hygiene der Feuerwehr St. Wendel
(Quelle: Katastrophenschutzzentrum Landkreis St. Wendel)

Abbildung 31:
Toilette im AB-Hygiene der Feuerwehr St. Wendel
(Quelle: Katastrophenschutzzentrum Landkreis St. Wendel)

Toiletten für die Einsatzkräfte an den Einsatzstellen sollten mittlerweile zum Standard gehören (entspricht jedoch bei Weitem noch nicht der Realität). Sie müssen jedoch bei bestimmten Einsatzlagen, ab einer gewissen Größe und Dauer, rechtzeitig zugeführt werden.

Die Vorgaben zur Nahrungsaufnahme – erst nach einer entsprechenden Grobreinigung außerhalb des Gefahrenbereichs – gelten natürlich auch hier.

Merke: Erst waschen, dann naschen!

6.5 Rettungsdienst

Auch im TH-Einsatz jeglicher Art besteht für die Rettungsdienstkräfte inkl. medizinischem Gerät die Gefahr der Kontamination bzw. Inkorporation durch die verschiedenen Gefahrstoffe. Daher müssen auch sie hier auf die Vollständigkeit ihrer Schutzkleidung achten. Auch sollte der Bereitstellungs- und Aufstellungsort der Rettungsdienstfahrzeuge so gewählt werden, dass sie zum einen nicht im Gefahrenbereich stehen und auch nicht eventuell nachrückende Feuerwehrkräfte blockieren. Genauso muss ein ungehinderter Patientenabtransport sichergestellt sein.

Rettungsdienstkräfte am Einsatzort sollten immer in enger Absprache mit den Feuerwehreinsatzkräften vor Ort sein.

So haben sie die Möglichkeit, sich auf eventuelle Einsatzsituationen vorzubereiten.

Abbildung 32:
Rettungsdienst mit FFP-Maske (Quelle: Till Renger)

6.6 Umgang mit Patienten bzw. Betroffenen im TH-Einsatz (Kontamination und Beaufschlagung)

Wie bereits im Kapitel Brandeinsatz beschrieben, ist der Rettungsdienstbereich geprägt von Vorgaben zum Umgang mit infektiösen Patienten. Es ist beschrieben, welche Schutzmaßnahmen sie einhalten müssen – angefangen von der Persönlichen Schutzausrüstung bis hin zu den Vorgaben zur Reinigung von Fahrzeug und Gerät nach einem solchen Einsatz (Hygiene- und Desinfektionspläne nach RKI).

Im TH-Einsatz kommt der Rettungsdienst zwangsläufig in Kontakt mit Körperflüssigkeiten, aber auch der Kontakt mit Betriebsstoffen oder anderen mitunter gefährlichen Stoffen ist bei der Patientenversorgung im verunfallten Fahrzeug oder z.B. in einer Baugrube jederzeit möglich.

Durchaus kann ein Stoff nach einer gewissen Zeit eine Reaktion auslösen und so indirekt die Einsatzkräfte gefährden.

Ähnlich wie beim Brandeinsatz sollte die Versorgung und Behandlung des Patienten nach Möglichkeit außerhalb des Gefahrenbereichs im Freien stattfinden.

Falls notwendig, können dort auch, in Absprache mit der Feuerwehr, Reinigungs- oder Dekontaminationsmaßnahmen stattfinden. So kann eine Verschleppung von Kontaminationen in den Rettungswagen verhindert werden.

Bei einer Versorgung im Rettungswagen sollte auf ausreichende Belüftung geachtet werden.

Auch sollte weiterhin die komplette Schutzkleidung des Rettungsdienstpersonals getragen werden, um eine Kontamination zu vermeiden. Es empfiehlt sich das Tragen einer FFP3-Maske sowie einer Schutzbrille.

Findet eine Entkleidung im Patientenraum zur weiteren Diagnostik statt, ist die Kleidung genau wie bei der Brandschutzkleidung, luftdicht zu verpacken und zu transportieren.

Abbildung 33: Zusammenarbeit von Feuerwehr und Rettungsdienst bei einem Verkehrsunfall (Quelle: Michael Arning)

Bei der Patientenübergabe im Krankenhaus ist das Krankenhauspersonal über eine eventuelle Kontamination zu informieren.

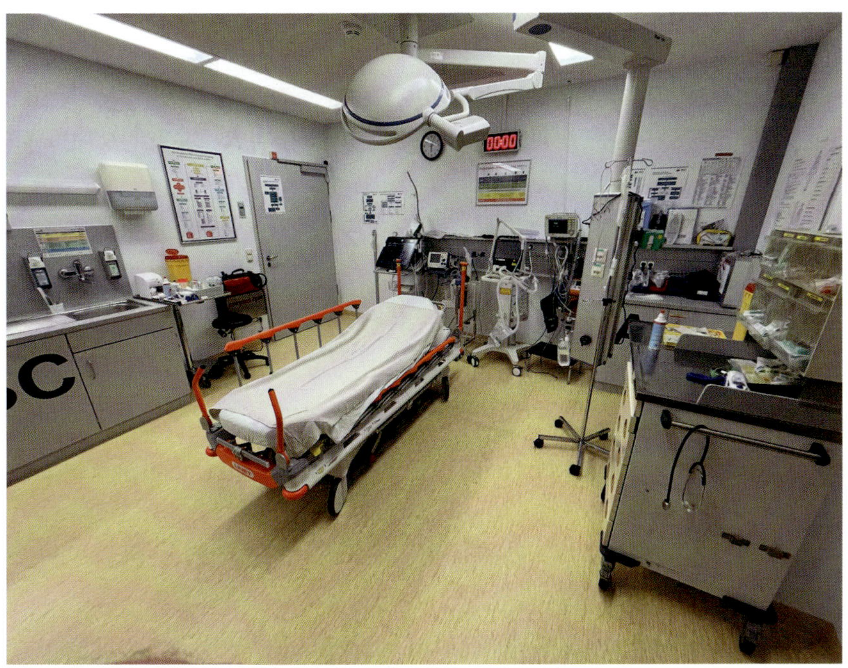

Abbildung 34: Schockraum Klinikum Peine (Quelle: Klinikum Peine)

6.7 Selbstkontrolle und Testfragen

(Lösungen siehe Seite 104)

1. Wie können wir das Risiko einer Kontamination für die Einsatzkräfte im TH-Einsatz verringern?

a) Durch vollständiges Tragen der Schutzausrüstung, Anzahl der Einsatzkräfte im Gefahrenbereich so niedrig wie möglich halten und die Kontaminationsverschleppung durch geeignete Maßnahmen vermeiden.
b) So viel Abstand wie möglich zum Gefahrenbereich einhalten und auf Spezialkräfte warten.
c) Nur im Chemikalienanzug vorgehen.
d) Ein TH-Einsatz ist jederzeit ohne Risiko.

2. Wobei besteht die größte Gefahr einer Aufnahme lungengängiger Stäube im Einsatz?

a) Durch das Entfernen des Dachs bei einer zeitorientierten Rettung mittels Spreizer.
b) Durch Glasstaub beim Entfernen oder Schneiden einer Scheibe (ESG oder VSG) oder dem Staub von CFK-Fasern beim Schneiden einer Fahrzeugsäule.
c) Durch das Abpumpen von Schmutzwasser bei einem überfluteten Keller.
d) Bei der Arbeit mit der Motorkettensäge.

3. Womit kann sich eine Einsatzkraft am besten gegen eine Kontamination der Augen schützen?

a) Mithilfe einer Kontaminationsschutzhaube.
b) Die Augen sind ungefährdet gegenüber einer Kontamination mit gefährlichen Stoffen.
c) Das Herunterklappen des Visiers reicht völlig aus.
d) Mit einer dichtabschließenden Schutzbrille, die auch für Brillenträger geeignet ist.

4. Wen sollte der Einsatzleiter auch über mögliche Kontaminations-/Inkorporationsgefahren an einer Einsatzstelle informieren?

a) Den Bürgermeister.
b) Weitere beteiligte Hilfsorganisationen im Gefahrenbereich wie den RD oder das THW und übernehmende Personen wie das Krankenhauspersonal bei einer Übergabe von Patienten oder die Atemschutzwerkstatt.
c) Die Presse.

7 Aufbereitung PSA und Geräte nach dem Einsatz – Dekontamination, Reinigung, Pflege und Wartung

7.1 Aufbereitung von Persönlicher Schutzausrüstung (mit textilen Anteilen)

Während in der Vergangenheit der Fokus auf das Waschen von Einsatzbekleidung und der PSA aus dem Rettungsdienst lag, so hat sich in den letzten Jahren die Erkenntnis durchgesetzt, möglichst die gesamte Bandbreite der PSA so gut wie möglich von ggf. krebserregenden Partikeln und weiteren Belastungen zu befreien.

Wurde vor einigen Jahren noch über das Waschen von Helmen und Stiefeln geschmunzelt, so hat diese Art der Dekontamination schon in vielen Wachen Einzug gehalten, ob nun im Korbspüler oder in professionellen Waschschleudermaschinen.

Der Feuerwehreinsatzkraft ist aufgrund der regelmäßigen Publikationen in den Fachmedien, auf Messen und Fortbildungsveranstaltungen die Notwendigkeit dieser Maßnahmen dauerhaft präsent und integriert sich mehr und mehr in den Arbeitsalltag bzw. in den Arbeitsablauf.

Nur wenige Wäschereien haben sich bisher auf den Markt der Feuerwehren und der Schutzausrüstungen spezialisiert und sich somit auch auf die Besonderheiten der Bearbeitung und Aufbereitung ausgerichtet.

Damit die verbreitete Unkenntnis in vielen Wäschereien nicht zu lebensbedrohlichen Nachlässigkeiten führt, müssen die Mitarbeiter geschult, sensibilisiert und regelmäßig unterwiesen werden. Ist diese Regelmäßigkeit nicht der Fall, so flachen die Arbeitsabläufe in den Betrieben nach und nach Richtung Arbeitswäsche ab. Diese Entwicklungen sind in der täglichen Praxis regelmäßig zu beobachten und mit nur wenig Aufwand zu verhindern.

Auch in den Waschabteilungen der Wachen gibt es häufig noch Handlungsbedarf im Bereich der Wasch- und Trocknungsverfahren, der internen Arbeitsabläufe sowie bei der Dokumentation der Überprüfung von PSA auf Beschädigungen und des Aufbereitungsergebnisses.

Die Technik ist die eine wichtige Säule der professionellen Aufbereitung der PSA, die andere Seite ist die Weiterbildung und Unterweisung von Mitarbeitern und Kameraden in den Wehren. Auch sie sind den Kontaminationen der getragenen PSA ausgesetzt, wenn diese verschmutzt und kontaminiert in den Wachen „abgeworfen" werden.

Nicht nur die Mitarbeiter in den Wäschereien müssen regelmäßig im Umgang mit PSA geschult werden, auch die Wehren müssen intern hierfür Sorge tragen.

Nur fachlich korrekt aufbereitete PSA schützt den Träger nicht nur vor den Gefahren des Einsatzes, sie verlängert die Lebenszeit der Feuerwehrleute, welche täglich den schädlichen Einflüssen ihrer Arbeit ausgesetzt sind.

Persönliche Schutzausrüstung (PSA): Pflege und Wartung

Die Pflicht zur Pflege und Wartung der Schutzausrüstung besteht für die Gemeinden und die Wehrleitung sowie für die Feuerwehrangehörigen. Rechtlich geregelt werden diese in unterschiedlichen Gesetzesgrundlagen.

Zu nennen wären hier:

- *§ 15 Arbeitsschutzgesetz (ArbSchG) „Pflichten der Beschäftigten"*
- *§ 2 Abs. 4 PSA-Benutzungsverordnung „Bereitstellung und Benutzung" von PSA*
- *§ 30 Unfallverhütungsvorschrift (UVV) „Grundsätze der Prävention" (DGUV Vorschrift 1) „Benutzung" von PSA*
- *und vor allem in § 11 „Prüfungen" der UVV „Feuerwehren" (DGUV Vorschrift 49)* [11]

Hier aufgeführt sind u.a. (*Auszug*):

1. Die Unternehmerin bzw. der Unternehmer haben zu veranlassen, dass Ausrüstungen, Geräte und persönliche Schutzausrüstungen nach jeder Benutzung einer Sichtprüfung unterzogen werden.
2. Ausrüstungen, Geräte, Prüfgeräte, Prüfeinrichtungen und persönliche Schutzausrüstungen sind ergänzend zu den Sichtprüfungen gemäß Absatz 1 regelmäßig durch befähigte Personen zu prüfen. Das Ergebnis dieser Prüfungen ist zu dokumentieren.
3. Die Unternehmerin oder der Unternehmer hat Ausrüstungen, Geräte und persönliche Schutzausrüstungen einer außerordentlichen Prüfung durch befähigte Personen zu unterziehen, wenn außergewöhnliche Ereignisse stattgefunden haben, die schädigende Auswirkungen haben können oder z. B. eine Sichtprüfung Schäden, Mängel oder mögliche Einschränkungen der Schutzfunktion ergeben hat.
4. Werden Schäden oder Mängel festgestellt, die die Sicherheit oder Gesundheit von Feuerwehrangehörigen gefährden könnten oder Zweifel an ihrer Funktionsfähigkeit bestehen, so sind die Ausrüstungen, Geräte sowie die persönlichen Schutzausrüstungen unverzüglich der Benutzung zu entziehen und erforderlichenfalls einer Instandsetzung zuzuführen.
5. Stellt eine Feuerwehrangehörige oder ein Feuerwehrangehöriger Schäden oder Mängel an Ausrüstungen, Feuerwehrfahrzeugen, Geräten oder persönlichen Schutzausrüstungen fest oder zweifelt an deren Funktionsfähigkeit, hat sie oder er dies unverzüglich der zuständigen Führungskraft zu melden.

Die genannten Rechtsnormen geben lediglich Schutzziele an. Wie die Schutzkleidung zu pflegen und zu warten ist, geben die Hersteller vor. Diese sind laut der 8. Verordnung zum Produktsicherheitsgesetz (8. ProdSV) verpflichtet, Hinweise zur Pflege und Wartung zu geben.

Weitere Hilfen geben die GUV-G-9102 „Prüfgrundsätze für Ausrüstung und Geräte der Feuerwehr“ sowie die PSA-Benutzungsverordnung.

PSA, die beschädigt ist bzw. bei der Zweifel an der Schutzwirkung besteht, ist auszusondern.

Hinweise zur Pflege und Wartung der PSA nach den Einsätzen

Es müssen bei Pflege und Wartung sowie Reparatur immer die individuellen Herstellerangaben beachtet bzw. herangezogen werden. Aufgrund der Vielzahl der möglichen Gewebe sowie Zusatzausstattungen stellt diese Aufstellung keinen Anspruch auf Vollständigkeit dar.

Schutzanzug zur Brandbekämpfung

Vorbereitung der Bekleidung zur Waschbehandlung. Idealerweise werden diese und weitere Arbeiten bereits am Einsatzort erledigt:

- ✓ Vor dem Waschen alle Taschen leeren; Reißverschlüsse sind zu schließen.
- ✓ Klettverschlüsse sind ebenfalls zu schließen.
- ✓ Rückenschilder sind zu entfernen, da die Beschriftungen durch das Reiben in der Maschinentrommel abnutzen.
- ✓ Karabiner und Gurte sind wenn möglich zu entfernen; diese können die Kleidung beim Waschen und/oder Schleudern beschädigen.
- ✓ PSA zur Brandbekämpfung **muss** separat von anderer Bekleidung gewaschen werden.
- ✓ Geeignetes Waschverfahren wählen, je nach Grad der Verunreinigung „normal“ (40 °C) oder „intensiv“ (60 °C). Im Zweifelsfall immer das intensivere Waschprogramm wählen.
- ✓ Die Waschmaschine auf 2/3 der angegebenen Kapazität beladen.
- ✓ Die Desinfektion der PSA zur Brandbekämpfung ist bei Bedarf möglich (auch wenn das Pflegesymbol „bleichen verboten“ im Pflegeetikett eingearbeitet ist), sollte jedoch die Ausnahme bleiben (stärkere Belastung der Gewebe und Materialien).
- ✓ Eine Nachimprägnierung sollte zur Sicherheit immer durchgeführt werden, auch bei noch verhältnismäßig neuer PSA. Hier ist die Möglichkeit einer niedrig dosierten, ständigen **„Erhaltungsimprägnierung“** zu wählen

(Tauchbad oder Sprühverfahren). Auch „dauerhaft" Imprägnierte PSA verliert nicht selten bei intensiven Waschbehandlungen nach spätesten 20–25 Waschzyklen deutlich an Imprägnierleistung. Die Erhaltungsimprägnierung gibt hierbei Sicherheit, insbesondere dann, wenn die bereits absolvierten Waschzyklen nicht immer rückverfolgbar sind.

✓ Die Schutzkleidung nicht bei direktem Sonnenlicht oder UV-Strahlung lagern. Besonders rote und blaue Oberstoffe erleiden bei der PSA zur Brandbekämpfung schnell Lichtschäden.

✓ Schutzkleidung nicht feucht (oder nass) lagern, da es schnell zur Schimmelbildung kommen kann.

Aus dem „Merkblatt zur Wiederaufbereitung von persönlicher Schutzkleidung für den Rettungsdienst"

Wäschetrennung durch den Träger bzw. Nutzer

- Vor der Wäsche den Inhalt der Taschen leeren
- Wenn notwendig nach Warenart und Farbe sortieren
- Klettverschlüsse abdecken bzw. schließen
- Infektiöses Wäschegut separat in Wickel- oder gekennzeichneten Plastiksäcken sammeln (Einweg-, oder ggf. selbstauflösende Plastiksäcke)

Beispiele für Reparatur- und Aussonderungskriterien von Schutzkleidung

- Löcher oder Risse im Oberstoff, im Innenfutter und den Nässesperren
- Starke Farbveränderungen Richtung gelb/braun, sogenannte Bräunierungen. Diese können durch starke Hitzeeinwirkung (Innenangriff, Übungscontainer usw.) die Stabilität der Gewebe und Nähte herabsetzen
- Beschädigtes Reflexmaterial
- Defekte Reißverschlüsse oder Klettverschlüsse
- Beschädigungen der Nähte
- Defekte an den Membranen oder den nahtabdichtenden Klebebändern, den sogenannten Tapes
- Wasserundichtigkeit

Reparaturen dürfen nur von durch den Hersteller autorisierten Fachfirmen oder den Herstellern selbst durchgeführt werden. Im Einzelfall können das auch fachlich spezialisierte Wäschereien sein. Das entsprechende Zertifikat für diese Arbeiten sollte jedoch zuvor unbedingt von dem Wäschereibetrieb angefordert werden.

Waschen von Handschuhen zur Brandbekämpfung, Textil und Leder

Die Pflege- und Aussonderungskriterien von textilen Handschuhen sind ähnlich denen der Schutzanzüge. Lederhandschuhe sollten in einem Spezialwaschverfahren mit Rückfettung (sogenannte Lickeröle) gewaschen werden. Auch bei Lederhandschuhen kann durch ein abgestimmtes Waschverfahren ein guter Dekontaminationsgrad erreicht werden.
Bei der Anschaffung unbedingt auf die Waschbarkeit achten!

Tipp: Lederhandschuhe sinnvollerweise in Schwarz beschaffen, da nicht alle Verunreinigungen auf diesem Naturprodukt auch optisch 100%ig zu entfernen sind. **Und: Nicht alle nicht entfernbaren Verunreinigungen auf Leder und Geweben sind gesundheitsschädlich!**

Waschen von Feuerwehrhelmen

Auch die Helme und deren Spinnen sind einer starken Kontamination ausgesetzt, welche der unserer Schutzanzüge oder Handschuhe in nichts nachsteht. Durch eine Dekontamination in einer Waschschleudermaschine lassen sich die Brandrückstände ebenso gut entfernen wie aus der Einsatzkleidung und den Handschuhen zur Brandbekämpfung. Dies gilt auch für Spinnen aus Leder.

Um die typischen Kontaminationen aus der Brandbekämpfung besonders intensiv zu entfernen, empfiehlt sich aus fachlicher Sicht die Wäsche in der Waschschleudermaschine, da die mechanischen Einflüsse des strömenden Wassers (Waschflotte) hierbei besonders groß sind und ein breites Spektrum von Waschhilfsmitteln zur Verfügung steht (bis hin zur Desinfektion). Viele

Helmhersteller haben bereits die Notwendigkeit der Dekontamination erkannt und ihre Helme als waschbeständig testen und zertifizieren lassen.

Die problemlose maschinelle Aufbereitung, bzw. Dekontamination von Helmen zur Brandbekämpfung sollte mittlerweile eine Selbstverständlichkeit sein und bei der Beschaffung von Helmen als wichtiges Kriterium angesehen werden.

Welche Arten der Helmwäsche und Desinfektion stehen zur Verfügung?

Von Hand

Hierbei werden die Helme von Hand abgewaschen und ggf. desinfiziert.

Grundsätzlich sollte die händische Reinigung von PSA auf eine automatisierte, technische Lösung (Waschmaschine, Spülgerät) hin umgestellt werden, um den direkten Kontakt mit kontaminierter Ausrüstung zu vermeiden.

Die gängigen Hilfsmittellieferanten bieten eine Vielzahl von Reinigern, Desinfektionsmitteln und Kombi-Präparaten an. Trotz intensiver Reinigung wird hierbei jedoch nur eine geringe Dekontaminationsleistung im Bereich der Spinne und den Textilien erreicht.

Wichtig hierbei: Es ist auf Präparate mit Alkohol als Inhaltsstoff unbedingt zu verzichten. Dies gilt insbesondere bei dem Einsatz von Reinigungstüchern, den sogenannten Wipes. Der Alkohol würde sich nicht mit den Visieren aus Polycarbonat vertragen und diese kurzfristig verspröden lassen und somit unbrauchbar machen.

Nach der Wäsche den Helm und das Visier mit einem Mikrofasertuch nachwischen und eine gewissenhafte Endprüfung der Schale und Spinne laut Herstellervorgaben vornehmen.

In der Waschschleudermaschine

Das Waschen der Helme in der Waschschleudermaschine hat sich erst in den letzten Jahren stetig verbreitet. Hierbei handelt es sich durch die kontrolliert eingesetzte Mechanik und die starke Durchflutung der textilen Bereiche um ein sehr schonendes und gleichzeitig effektives Verfahren zur Pflege und Dekontamination. Damit die Helmreinigung schadlos ablaufen kann, wird jeder einzelne Helm in ein Spezialnetz oder in einen Waschbeutel gesteckt. Waschbeutel aus festem Textilmaterial können die Durchflutung und Dekontaminationsrate deutlich einschränken. Aus fachlicher Sicht ist für eine effiziente Dekontamination das Wäschenetz aus durchlässiger Abstandswirkware zu empfehlen *(siehe Abbildung 35)*.

Aus Sicht der Dekontamination ist ein Waschverfahren anzustreben, da hierbei die größtmögliche Dekontamination zu erzielen ist. Dies gilt nicht nur für die glatten Flächen, sondern auch für die textilen Bereiche. Bei der Reinigung in älteren Korbspülern werden bei kurzen Reinigungszeiten von 6–12 Minuten geringe Dekontaminationsraten erzielt.

Vorbehalten gegenüber der längeren Programmlaufzeit (ca. 45 Minuten) in der Waschmaschine kann mit der höheren Effektivität und Effizienz begegnet werden. Die in den Wachen üblichen Maschinenkapazitäten von Beladevolumen zwischen 15–23 kg fassen allgemein, je nach Maschinen- und Helm-Typ, ca. einen Helm auf 4 kg Beladegewicht (= ca. 4 Helme bei 16 kg Beladegewicht).

Die Helme können inklusive Visier, Spinne und Nackentuch gewaschen und nach der Wäsche mit einem Mikrofasertuch abgewischt werden. Helme mit Lederanteilen werden ebenfalls im selben Verfahren gewaschen und erhalten im Spülbad einen pflegenden Zusatz, welcher das Leder geschmeidig und gepflegt erhält.

Die Dekontaminationsraten in der Waschmaschine liegen bei angepassten Programmparametern und den passenden Spezialnetzen ebenfalls im hohen Bereich von 90 % und höher.

Bei der anschließenden Trocknung der Helme hat sich der Trockenschrank zur schnellen Trocknung bewährt. Ein rotierender Trockner (Tumbler) ist hierfür nicht geeignet, auch dann nicht, wenn die Helme hierbei in einem Waschbeutel oder Wäschenetz stecken!

Vor jeder Art der maschinellen Helmreinigung sollte daher mit dem Hersteller (oder dem Vertreiber) der Helme Kontakt aufgenommen werden, sollte der Helm nicht schon bei der Artikelbeschreibung und Gebrauchsanweisung durch den Hersteller als waschbar deklariert worden sein. Vorgaben der Hersteller bzgl. Verfahrensparameter zur Pflege müssen hierbei dringend eingehalten werden.

Abbildung 35:
Spezialnetz mit Helm (exemplarisch)
(Quelle: Sachverständigenbüro Reuter)

Vor der Beschaffung sollte durch den Träger getestet werden, wie schnell und unkompliziert sich Verschleißteile nach der Wäsche austauschen lassen. Komplizierte Wechsel, etwa beim Austausch der Stirnpolster, lassen die regelmäßige Pflege sonst schnell lästig werden. Hier gibt es unter den Herstellern große Unterschiede in Bezug auf das Handling und die Instandsetzung.

Pflege der Helme in Korbspülgeräten

Der Korbspüler, welcher den Feuerwehrleuten durch die Aufbereitung der Atemschutzausrüstung bestens bekannt ist, dient bereits in vielen Atemschutzwerkstätten auch der Aufbereitung von Helmen zur Brandbekämpfung. Da während der Pflege im Korbspüler bis auf den Wasserdruck keine mechanischen Einflüsse auf den Helm einwirken, gilt diese Art der Aufbereitung und Reinigung auch als besonders schonend und schnell. Je nach Programmwahl und hinterlegter Laufzeit kann die Helmreinigung innerhalb von 6–20 Minuten (20 Minuten = Tiefendekontamination) abgeschlossen sein. Dafür müssen bestehende Spülergeräte jedoch mit einem neuen, geeigneten Dekontaminationsprogramm versehen werden.

Großspülgeräte, sogenannte Dekontaminationsspüler, fassen neben größeren Gerätschaften wie Pressluftatmern und Trägerplatten auch Helme und andere Ausrüstungskomponenten.

Dekontaminationsspüler neuester Generation erzielen eine Tiefendekontamination inklusive Desinfektion bereits nach 9–12 Minuten. Die erreichten Dekontaminationsraten sollten durch ein unabhängiges Labor dokumentiert worden sein. Solche Zertifikate sind als Nachweis wichtig und dürfen bei einer Dokumentation nicht fehlen.

Auch in den Dekontaminatonsspülern müssen zur effektiven Dekontaminationsleistung Temperaturen von mindestens 50 °C und eine Frischwasserspülung inklusive geeigneter Hilfsmittel zum Einsatz kommen.

Abbildung 36:
Ausrüstungsgegenstände im Dekontaminationsspüler Electrolux Professional
(Quelle: Sachverständigenbüro Reuter)

Abbildung 37:
Helm im Korbspüler
(Quelle: Labor Weber & Leucht)

Durch eine Optimierung der Programmparameter und der Verwendung von Frischwasser zur Spülung können Dekontaminationsraten von bis zu 90 % an nicht textilen Flächen und weit über 70 % an den textilen Flächen erzeugt werden.

Waschverfahren allgemein

Waschverfahren müssen diverse Faktoren berücksichtigen, damit ein optimaler Effekt, nämlich saubere, dekontaminierte und ggf. desinfizierte Kleidung am Ende eines Waschverfahrens stehen.

Folgendes muss zuvor bedacht werden:

- Art, Verarbeitung des Textilmaterials und Applikationen (Reflexstreifen, Klett usw.)
- Art und Menge der Verschmutzung
- Art der zur Verfügung stehenden Dosiertechnik für Wasch- und Ausrüstungsmittel
- Qualitätsansprüche der Sauberkeit (blaue oder „goldene“ PSA), Rettungsdienst-PSA
- Eignung der Waschhilfsmittel

Diese Faktoren müssen mit dem Hilfsmitteltechniker des jeweiligen Wasch- und Hilfsmittellieferanten besprochen und durch ihn erarbeitet werden. Er erstellt einen sogenannten Waschplan, der alle Dosiermengen, Badtemperaturen und Schritte des Waschverfahrens aufzeigt. Diese Dienstleistung eines mit PSA erfahrenen Außendienstlers ist entscheidend für das positive Endergebnis mit dekontaminierter, desinfizierter und langlebiger Kleidung und PSA.

Der Hilfsmitteltechniker richtet sich bei allen Waschplänen nach dem „Sinnerschen Kreis“.

7.2 Waschfaktoren (nach Sinner)

Mit Hilfe dieses Schemas, benannt nach seinem Erfinder, dem Tensid-Chemiker Herbert Sinner, werden im Bereich der Textilpflege alle Waschverfahren in Abhängigkeit und Verhältnismäßigkeit dieser Parameter erstellt.

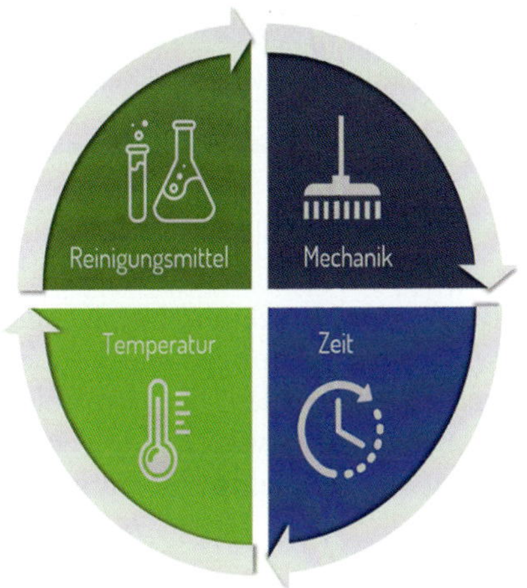

Abbildung 38:
Sinnerscher Kreis (Quelle: DTV (Deutscher Textilreinigungs-Verband e.V.))

Wie viel von jedem Faktor benötigt wird, ist individuell unterschiedlich und hängt von der Empfindlichkeit bzw. dem Aufbau des Textils und von der Schmutzart ab.

Die vier Faktoren sind zueinander variabel, jedoch kann auf keinen der einzelnen Faktoren verzichtet werden.

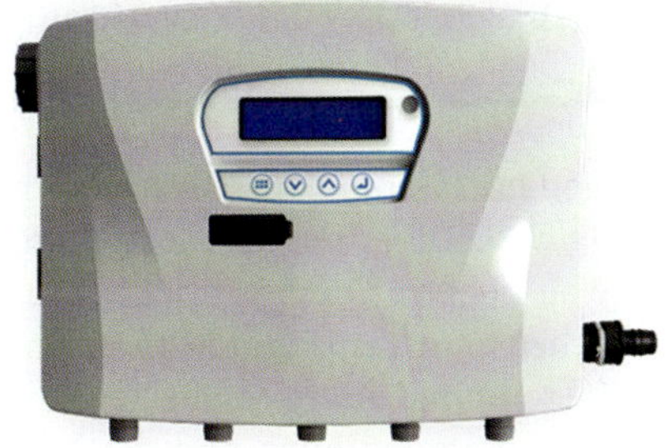

Abbildung 39:
EvoClean LF6 – Hydro
(Quelle: Chemische Fabrik Kreussler & Co. GmbH, Wiesbaden)

Tipp: Bei der Neuanschaffung von Dosieranlagen mindestens 5 Dosierplätze (Hilfsmittel), besser 6 Dosierplätze einplanen. Dies ermöglicht zukünftig eine breite Bearbeitungsvielfalt.

Bleich- und Desinfektionsbäder

Werden keine desinfizierenden oder bleichenden Vollwaschmittel verwendet (bei Weißwäsche), so werden diese als Komponenten dosiert und können somit auch bei bunter Ware und PSA durchgeführt werden. Sauerstoffbleiche als Komponente kann ebenfalls auch bei der Buntwäsche verwendet werden, da in Kombination mit flüssigen Buntwaschmitteln keine optischen Aufheller vorhanden sind.

Zur Desinfektion wird im Bereich der Feuerwehren und des Rettungsdiensts hauptsächlich Peressigsäure als Einzelkomponente dosiert. Bekannt und am häufigsten in den Waschmaschinen programmiert sind Desinfektionsverfahren nach RKI (Robert-Koch-Institut) und VAH (Verbund für Angewandte Hygiene e.V.).

Bei beiden Verfahren dürfen lediglich die hierfür auch gelisteten Waschmittel- und Desinfektionsmittel-Kombinationen (beides wird zusammen gelistet) in einem festgelegten, vorgeschriebenen Verfahrensablauf (Zeit und Temperatur) Verwendung finden. Nur so ist eine bestimmte Leistungsstufe der Desinfektion zu gewährleisten.

Bei Neu- und Umbauten der Waschabteilungen und Gerätehäuser setzen sich immer häufiger Barriere-Waschmaschinen (*siehe Abbildung 40*) durch, um eine Trennung von reiner und unreiner Seite zu sichern. Diese Art der Standortplanung ist auch bei kleinen Aufstellflächen und Kapazitäten möglich. Aus fachlicher Sicht ist die Schwarz-Weiß-Trennung die optimale und sicherste Lösung zur Verhinderung von Kreuzkontaminationen und der Vereinfachung der Arbeitsabläufe und des Arbeitsschutzes.

Abbildung 40: Barriere-Waschmaschinen und Trockenschränke auf reiner Seite (Quelle: Electrolux Professional, BF Dresden)

Die gängigen Imprägnierverfahren

Das Verfahren zur Hydroborierung teilt sich mittlerweile in zwei etablierte Verfahren auf, in das Tauchbadverfahren und in das Sprühverfahren:

Das Tauchbadverfahren

Hierbei wird die flüssige Imprägnierlösung in die Spülflotte bzw. in das sogenannte Ausrüstungsbad gegeben. Diese Imprägnierflotte wird dann auf 40 °C aufgeheizt, um einen besseren Übergang (das sogenannte „Aufziehen“) von Imprägnierungen auf das Gewebe zu erzielen. Regelmäßige Erhaltungsimprägnierverfahren kommen mit mittlerweile sehr wenig Imprägnierlösung aus. Ein großer Vorteil hierbei ist die sichere Verteilung der Imprägnierungen auf die Bekleidung. Die Tauchbadimprägnierung benötigt wenig Zeit und geringen Aufwand, da lediglich das letzte Spülbad zum Ausrüstungsbad wird. Geringe Mengen Imprägnierlösung gelangen in das Abwasser. Professionelle Imprägniermittel ziehen hierbei nicht in die Membranen ein. Somit bleiben diese auch nach regelmäßigen Imprägnierverfahren funktionstüchtig.

Das Sprühverfahren

Mittels einer oder mehrerer Düsen (je nach Beladekapazität) wird die Imprägnierlösung auf die zu imprägnierende, feuchte Ware gesprüht und verteilt sich durch den Sprühnebel und Abklatsch (durch die rollierende Bekleidung) hauptsächlich auf der rechten Seite der Gewebe. Es können hierbei die gängigen Imprägnierungen eingesetzt werden.

Dieses Verfahren lässt keine freie Imprägnierflotte entstehen, welche dann wieder in die Kanalisation gelangen würde. Nachteilig sind die längeren Laufzeiten der Programme und der Pflegeaufwand zur Sicherung des Verfahrens. Die Sprühdüsen müssen regelmäßig (ggf. mehrmals täglich) gereinigt und von Ablagerungen und Ausfällungen befreit werden (mit technischem Alkohol oder einem Ultraschallbad), um ein störungsfreies, gleichmäßiges Imprägnierverfahren zu gewährleisten. Eine Kontrolle des Verfahrens (Gefahr der unerkannten Verstopfung der Sprühdüsen) findet maschinenseitig nicht statt, eine Endkontrolle des Imprägniereffekts der getrockneten PSA ist somit unerlässlich und besonders wichtig.

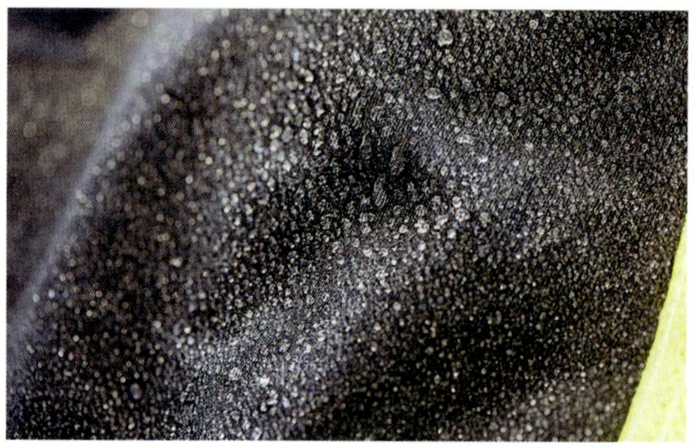

Abbildung 41: Spray-Test des Imprägniereffekts (Quelle: Bohnhoff Betriebstechnik GmbH, Bad Oldesloe)

Trocknungsverfahren PSA

Mechanische und statische Trocknungstechnik

Die Trockner, die sogenannten Tumbler, waren bis vor einigen Jahren die am häufigsten anzutreffenden Maschinen zur Trocknung von PSA unter Einfluss von Hitze und Mechanik (Umlagerung der Bekleidung durch Rotation).

Das Prinzip der mechanischen Trocknung ist auch für viele Bekleidungsarten eine bewährte und schnelle Art der Trocknung. Dies gilt insbesondere für Sweatshirts, Polos, diverse Unterwäscheteile, welche in vielen Wehren ebenfalls gewaschen werden.

Einlagige Gewebekonstruktionen, wie z.B. Rettungsdiensthosen oder Einsatzbekleidung für den täglichen Gebrauch sind weniger empfindlich, da diese aufgrund des einfachen Lagenaufbaus relativ gleichmäßig trocknen. Lediglich die doppelten Lagen an den Nähten und ggf. vorhandene Reflexstreifen lassen die Trocknung etwas länger dauern bzw. bedürfen geringerer Trocknungstemperaturen. Die Hersteller geben die maximalen Trocknungstemperaturen mit Pflegesymbolen an. Hinter diesen Symbolen stehen definierte Temperaturen, welche nicht überschritten werden dürfen, da ansonsten die Bekleidung oder deren Applikationen (Reflexstreifen, Schriftzüge, Tapes usw.) Schaden nehmen könnten.

Kompliziert wird es bei mehrschichtiger PSA, Multinormbekleidung und inliegenden Membranen bei Softshelljacken bzw. Nässesperren allgemein.

PSA zur Brandbekämpfung und für den Rettungsdienst gibt es in immer mehr komplexen Konstruktionen – Innenlagen und Reflexstreifen entwickeln sich ständig weiter. Leichtere Materialien und Kombinationen drängen durch einen höheren Tragekomfort in den Markt.

Die PSA für den Rettungsdienst wurde in den vergangenen Jahren komplexer und wesentlich leichter. Diese Veränderungen machen diese Bekleidungsarten deutlich anspruchsvoller im Bereich der Wasch- und Trocknungstechnik.

Die Gefahr, die von einem rotierenden Trocknungsvorgang ausgeht, wird einem bei dieser Erkenntnis relativ schnell bewusst. Die größte Gefahrenquelle ist die sogenannte Übertrocknung der Ware.

Durch Überhitzung der gesamten PSA lösen sich im nächsten Schritt segmentierte Reflexstreifen *(siehe Abbildung 42)*, Nahtabdichtungen (Tapes) und es kommt weiter fortschreitend zu Delaminationen von Membranen und anderen Verbundmaterialien.

Regelmäßige Kontrollen der Innenlagen der PSA zur Brandbekämpfung sind unerlässlich, da die Beschädigungen der Innenlagen nicht von der rechten Warenseite aus zu erkennen sind.

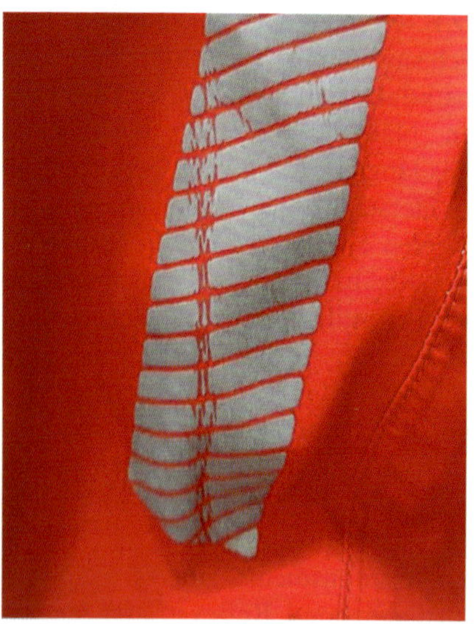

Abbildung 42:
Segmentierte Reflexstreifen mit thermischen Defekten (Quelle: Sachverständigenbüro Reuter)

Der Trockenschrank, die statische Trocknung

Der ausschlaggebende Vorteil der statischen Trocknung ist die Materialschonung im Bereich des Lagenaufbaus, der Applikationen und Gewebeoberflächen der PSA. Die zuvor beschriebenen Problemstellungen von Delaminationen, Schrumpf und Abrasionen durch mechanische Einwirkungen unter Hitze entfallen im Trockenschrank gänzlich, wodurch es sich hierbei aus fachlicher Sicht um die sicherste und schonendste Art der Trocknung handelt. Durch innenbelüftete Bügel können die Trocknungszeiten deutlich verkürzt werden. PSA zur Brandbekämpfung benötigt hierbei lediglich 2,5–3 Stunden zur vollständigen Durchtrocknung, PSA aus dem Rettungsdienst, je nach Konstruktion (gefüttert, ungefüttert), ca. 30 Minuten bis 60 Minuten.

Hierfür stehen verschiedene Programme zur Verfügung, wobei bei imprägnierter PSA immer die 80 °C-Varianten zum Einsatz kommen sollten, um die Reaktivierung von Imprägnierungen zu gewährleisten.

Auch andere Ausrüstungsteile lassen sich in einem Trockenschrank effektiv und schonend trocknen. Für z.B. Stiefel, Masken und Handschuhe gibt es bei einigen Herstellern extra hierfür angefertigte Halterungen und Bügel. Helme, Trägersysteme und andere Ausrüstungsteile können auf diese Weise ebenso getrocknet oder, bei geringerer Auslastung als Beiladung mit getrocknet werden.

Abbildung 43:
Rollständer (Quelle: BF Dresden)

Tipp: Ein bereits bestehender, älterer Trockner muss nicht unbedingt entfernt werden, wenn dieser durch einen Trockenschrank ergänzt wird. Mechanische Trockner sind eine sinnvolle Ergänzung und können weiterhin für alle trocknergeeigneten Warenarten eingesetzt werden und erhöhen in dieser Kombination die Leistung der Waschabteilungen nicht unerheblich.

Checkliste Wäschereidienstleister

Gibt es eine Möglichkeit, Fachbetriebe genannt zu bekommen und wie kann festgestellt werden, ob diese Betriebe geeignet sind, die komplexe Pflege und Aufbereitung von Persönlicher Schutzausrüstung (PSA) fachgerecht durchzuführen?

Dieses Kapitel nennt Ihnen die wichtigsten Voraussetzungen, welche Wäschereidienstleister in Bezug auf die fachgerechte Aufbereitung von PSA allgemein erfüllen sollten. Ist dies ggf. nicht der Fall, so empfiehlt sich ein direktes Gespräch mit dem Betriebsleiter oder Inhaber, um den Betrieb in der Optimierung seiner Organisation und Herangehensweise zu begleiten und zu unterstützen. Voraussetzung hierfür ist der Wille des Betriebs, sich auf die neuzeitliche Aufbereitung von PSA einzulassen, und dass Sie als Kunde mit den eigentlichen Leistungen bisher zufrieden waren. Um es mit den Worten eines erfahrenen PSA-Herstellers zu sagen:

„Entweder man lässt sich auf die steigenden Herausforderungen der PSA ein, oder man lässt es besser bleiben."

Der Deutsche Textilreinigungs-Verband e.V. (DTV) führt eine Liste bundesweiter Fachbetriebe, welche auf der Internetseite des DTV aufgeführt werden. Auf dem Kontaktformular kann auch direkt nach einem Fachbetrieb in der Nähe gesucht werden oder der DTV wird über das Kontaktformular versuchen, möglichst passgenau Betriebe zu nennen (www.dtv-deutschland.org).

Tipp: Es kann eine gute Hilfestellung sein, nach erfolgter Markterkundung die in die engere Auswahl gekommene PSA zur Probe waschen zu lassen, um sich mit dem Textilpflegebetrieb über die Pflegeeigenschaften und den Warenausfall auszutauschen.

Hierfür sollte die PSA unter Realbedingungen (ggf. mit Beiladung gleicher Art) mindestens 15 Waschgänge laut Pflegevorgaben der Hersteller gewaschen und getrocknet werden.

Sie haben bereits einen Textilpflegebetrieb als Kooperationspartner und arbeiten mit diesem erfolgreich zusammen? Dann scheuen Sie sich nicht, diesen ab und zu mit Informationen zur Aufbereitung von PSA zu beliefern, sollten Sie in ihren Fachmedien fündig werden. Oftmals sind die Betriebe über Input dankbar und schaden kann es auf keinen Fall.

Sie sind als Träger von PSA ein lukrativer Geschäftspartner für die Textilpflegebetriebe und können auch eine Weiterentwicklung erwarten. Sprechen Sie Ihren Kooperationsbetrieb auf neue Techniken und Verfahren an, welche Sie ggf. auch für Ihre lebensverlängernde PSA eingesetzt sehen möchten.

Auf was sollte nun bei der Wahl eines geeigneten Kooperationspartners für den Bereich der Aufbereitung von PSA geachtet werden, was sind Mindestanforderungen und was wäre zukünftig wünschenswert?

Diese Parameter sind auch für bereits bestehende Kooperationen relevant und dürfen kritisch hinterfragt werden

- Nach dem Erstgespräch muss eine Betriebsbegehung stattfinden, dabei werden die Gespräche mit dem Betriebsinhaber oder dem Betriebsleiter bzgl. der Bearbeitung und der Wünsche des Kunden vertieft. Hierbei merkt der Kunde recht schnell, ob der Betrieb im Umgang mit der PSA zur Brandbekämpfung oder dem Rettungsdienst firm ist und die zu berücksichtigenden Besonderheiten zur Aufbereitung und der gesicherten, termingerechten Auslieferung kennt.

- Der Maschinenpark muss modern und technisch gewartet sein. Sprechen Sie den Betrieb auf Prüfzertifikate der Hilfsmittellieferanten an, welche regelmäßig (meist jährlich) die Ausrüstungs- und Desinfektionsleistungen überprüfen und auswerten.

Diese Überprüfungen sind eine Grundvoraussetzung für eine erfolgreiche Aufbereitung von PSA und RD-Bekleidung:

- Die Mitarbeiter, welche mit der PSA zur Brandbekämpfung umgehen, müssen für diesen Bereich unterwiesen worden sein. Eine jährlich zu wiederholende Unterweisung ist gesetzliche Pflicht und sollte auch immer die Besonderheiten der PSA-Aufbereitung beinhaltet haben. Nur regelmäßige Schulungen, Unterweisungen und die damit verbundene Sensibilisierung für diesen komplexen Bereich verhindern ein Abstumpfen der Arbeitsabläufe gegenüber der anspruchsvollen Aufbereitung von PSA-Bekleidung und eine Verwechslung mit einfach zu pflegender Arbeitskleidung.
- Rettungsdienstbekleidung muss grundsätzlich desinfizierend gewaschen werden.
- Die Einsatzbekleidung muss immer ausreichend imprägniert sein. Welches Verfahren kommt in der Wäscherei zum Einsatz? Die häufigste Variante ist die Tauchbadimprägnierung, wobei die PSA in einem Ausrüstungsbad bei 40° Celsius mit einem Zusatz an FC-Imprägniermittel imprägniert wird. Die ausreichende Imprägnierwirkung muss nach der notwendigen thermischen Trocknung stichprobenartig überprüft werden (Tropf- oder Spraytest).

Hinweis zur Trocknung

FC-Imprägnierungen benötigen zur Aktivierung der Imprägnierwirkung (dem Ausrichten der molekularen Struktur) eine Temperatur von mindestens 75 °C. Sollte die Wäscherei über einen Trocknungsraum verfügen, so muss sichergestellt werden, dass die imprägnierte PSA nach der Trocknung noch auf diese Temperatur erhitzt wird. Idealerweise findet diese Aktivierung in einem Trocknungsschrank statt, da die PSA dort vor Überhitzung durch fehlende Verdunstungskälte geschützt ist. Da einige PSA-Bekleidungshersteller mittlerweile nur noch Trocknungstemperaturen bis 60 °C im mechanischen Trockner zulassen (ein Punkt im Trocknersymbol der Pflegekennzeichnung), gewinnt die gefahrlose statische Trocknung (oder Aktivierung) im Trocknungsschrank immer mehr an Bedeutung.

Eckpunkte Qualitätskontrolle und Instandsetzung

- Gibt es einen zentralen Ansprechpartner (QM-Manager) für den PSA-Kunden im Betrieb?
- Welche Möglichkeiten zur Identifikation der Bekleidungsteile stehen im Betrieb zur Verfügung? Die Mindestanforderung sollte hierbei der bewährte Barcode sein, welcher mit Hilfe einer Thermofixierpresse am Textil angebracht wird. Besser ist das System des RFID- oder UHF-Transponder, welcher mit einer Vielzahl von Informationen belegt werden kann. Wichtig sind hierbei neben der Personalisierung die Erfassung der Waschzyklen und eventuelle Instandsetzungsmaßnahmen an der Bekleidung.
- Es muss eine Endkontrolle der PSA-Bekleidungsteile vor der Auslieferung stattfinden. Die Kontrolle der Imprägnierwirkung kann durchaus stichprobenartig erfolgen, die Endkontrolle der PSA-Bekleidungsteile auf Funktionstüchtigkeit muss jedoch bei jedem Bekleidungsteil stattfinden. Der Wäschereibetrieb ist als Wiederinverkehrbringer dazu verpflichtet, seinen Kunden auf etwaige Gefahren durch Funktionsausfälle zu benachrichtigen bzw. das Bekleidungsteil als nicht einsetzbar zu kennzeichnen bzw. zu separieren. Die Tiefe dieser Überprüfung kann durch die Vertragspartner festgelegt werden. Um eine makroskopische Kontrolle z.B. der Reißverschlüsse, Reflexstreifen, Gewebeschäden usw. kommt der Betrieb nicht herum. Dieser Umstand ist vielen Textilpflegebetrieben nicht bewusst.
- Findet in dem Betrieb auch die Ausbesserung von Schäden an PSA statt, so ist diese Arbeit ebenfalls so durchzuführen, dass auch nach der Reparatur alle Schutzfunktionen der PSA gewährleistet sind (Dichtigkeit der Membranen, nicht zugelassenes Garn bei Erneuerung von Reflexstreifen usw.). Die Mitarbeiter in dieser Abteilung müssen Schulungszertifikate für die speziellen Reparaturen an den PSA-Bekleidungsteilen vorweisen

können, welche z.B. durch die jeweiligen Hersteller vergeben werden. Gleiches gilt bei der Instandsetzung von Membranen bzw. Nässesperren.

Hinweis zur Begehung

Stellen Sie sich zunächst die Frage, was Sie von dem Dienstleister erwarten. Schreiben Sie diese Vorgaben nieder und fertigen Sie eine Checkliste an.

Nehmen Sie sich unbedingt Zeit für die Begehung beim zukünftigen Kooperationspartner, bereiten Sie sich vor und lassen sich Zertifikate und Nachweise schriftlich vorlegen und als Kopie für Ihre Unterlagen aushändigen. Lassen Sie sich ggf. im Vorweg, während der Begehung oder bei der Vertragsgestaltung von einem Spezialisten in diesem Bereich begleiten. Dieser Aufwand ist oftmals wesentlich geringer und günstiger als die Lösung von Problemen und Schadensfällen im späteren Verfahrensalltag. Der Bereich der Textilpflege ist komplex und muss von den Wehren häufig „nebenbei" erledigt werden. Sich hierbei helfen zu lassen, ist ratsam und führt schneller zu einem erfolgreichen Ergebnis. Hierzu zählen auch die Waschtests.

Mindestanforderungen an den Textilpflegebetrieb

- Moderner Maschinenpark
- Erfahrungen und Expertisen im Bereich der PSA-Aufbereitung
- Zertifikate über die Effektivität der Desinfektionsverfahren
- Nachweise über die Effektivität der Waschverfahren bzgl. der Dekontaminationsleistung gegenüber PAKs
- Zertifikate über Schulungen und Unterweisungen im Bereich PSA
- Rückverfolgbarkeit durch Digitalisierung der Bekleidungsteile
- Endkontrolle der PSA auf Einsatzfähigkeit
- Bereitschaft für Spezialwäschen (Helme, Stiefel usw.)
- Bereitschaft zur Aufbereitung von kontaminierter PSA (z.B. Asbestverdacht usw.)

Wünschenswerte Leistungen durch den Textilpflebetrieb

- Einheitlicher Ansprechpartner im Betrieb für den Bereich PSA-Bekleidung

- Internes QM, welches in regelmäßigen Abständen mit den Wehren besprochen wird
- Webportal, welches als Kommunikationsbasis zwischen Feuerwehrangehörigen und dem Wäschereiunternehmen dienen soll
- Trockenraum und/oder Trockenschrank zur statischen Trocknung von PSA
- Regelmäßige Sichtkontrolle und Sonderprüfungen (Jahreswartung) von Einsatzbekleidung lt. DGUV, UVV und PSA-Verordnung
- Instandsetzungsmaßnahmen an PSA lt. Herstellervorgaben (zertifiziert)
- Weiterführende Digitalisierung inkl. Rückverfolgbarkeit der Waschzyklen und durchgeführten Reparaturen
- Möglichkeiten zur Verarbeitung von UHF-Transponder zur Kennzeichnung der PSA
- Möglichkeiten zur Dekontamination in LCO_2 (ggf. in Kooperation mit einem LCO_2-Dienstleister)

Ein Hinweis zu wassersparenden Vorgaben in Verträgen

Das Waschen von PSA ist energie- und ressourcenintensiv.

Viele Kontaminationen sind nicht oder nur schwer wasserlöslich und müssen mit Chemie und Mechanik herausgelöst werden. Vertragliche Vorgaben zu wassersparenden Waschverfahren sind daher unbrauchbar, sogar eher hinderlich. Vorgaben zur Wasserrückgewinnung sind hingegen realistisch und empfehlenswert.

Waschverfahren gegen Fasertrümmer und Brennhaare

Dekontamination von Fasertrümmern durch Asbestfasern, carbonfaserverstärktem Kunststoff (CFK) und den Haaren des Eichenprozessionsspinners (EPS) in der Waschmaschine:

Mit speziell hierfür erstellten Waschprogrammen ist eine Dekontamination möglich und mit den üblichen, gewerblichen Waschmitteln durchführbar. Wichtig ist hierbei wieder die Berücksichtigung des **Sinnerschen Kreises** und das Zusammenspiel zwischen Mechanik und Spülwirkung. Kurz beschrieben muss das Waschprogramm mit einer stärkeren mechanischen Wirkung und einem hohen Wasserniveau programmiert werden.

Die in den Wehren vorhandenen Waschmaschinen müssen hierfür nicht umgebaut, sondern lediglich umprogrammiert werden. Der Standort sollte mit dem bisherigen Hilfsmitteltechniker in Kontakt treten und diesen um das notwendige Programm bitten. Sollten hierbei Unsicherheiten entstehen, so ist ein hierfür geeigneter Sachverständiger für Textilpflege hinzuzuziehen, der den Vorgang der Waschprogrammgestaltung und Implementierung der Arbeitsabläufe begleiten kann.

Wenn sich der Standort dazu entschlossen hat, die Dekontamination von Asbestfasern und EPS-Haaren selbst zu bewerkstelligen, müssen die Kameraden vor Aufnahme der Arbeiten fachgerecht im Umgang hiermit unterwiesen werden. Diese Unterweisung sollte vornehmlich am Standort selbst stattfinden, um die notwendigen Handgriffe vorgeführt zu bekommen und Tipps und Tricks aus erster Hand zu erhalten. Die Unterweisungen sind grundsätzlich schriftlich festzuhalten und regelmäßig aufzufrischen.

Zerstörungsfreie Analysemöglichkeit auf Asbest- und Carbonstäube, EPS-Haare

Durch das neue Verfahren zur zerstörungsfreien Analytik ist es möglich, auch direkt in den PSA-Bekleidungsteilen die Wirkung der Waschverfahren anhand eines Tests nachzuweisen und sich somit die erfolgreiche Dekontamination bestätigen zu lassen.

Zu diesem Zweck werden spezielle Stempel an mehreren Stellen der Bekleidung oder Ausrüstung angesetzt. Die hierbei gesammelten Fasertrümmer und Kontaminationen werden dann in komplexen Analyseverfahren aufbereitet und analysiert (REM- und EDX-Analyseverfahren).

Der Vorteil hierbei ist, dass keine Gewebeteile aus der PSA herausgetrennt werden müssen und diese danach ggf. unbrauchbar sind. Wichtig hierbei ist zu beachten, lediglich gewaschene PSA zu analysieren, da die Gefahr der Kontamination ungewaschener PSA für den Mitarbeiter hoch wäre.

Das günstigere Verbrennen von Faserproben auf Klebestreifen ist nicht sinnvoll, da dabei die Carbonstäube und EPS-Haare ebenfalls verbrennen würden. Dieses Verfahren sollte, wenn überhaupt, bei Asbestfasern Verwendung finden.

REM = Rasterelektronenmikroskopie

EDX = Energiedispersive Röntgen-Analyse-Verfahren

7.3 Aufbereitung von einsatztechnischen Geräten

Neben der Aufbereitung der Persönlichen Schutzausrüstung (PSA) ist es notwendig, die einsatztechnischen Geräte ebenfalls aufzubereiten.

Auch hierbei sollte die maschinelle Dekontamination, wenn technisch möglich, der händischen Reinigung vorgezogen werden.

Und auch in diesem Fall ist es notwendig, die benötigten Informationen aus dem Einsatz für die Aufbereitung mitzugeben. So kann ggf. sein, dass das Aufbereitungsverfahren angepasst werden muss bzw. kann.

Liegt Material vor mit Asbest-Anhaftungen bzw. einer chemischen Anhaftung oder einfach nur Sand oder Schlamm vom letzten Starkregen, können diese Informationen das Aufbereitungsverfahren stark beeinflussen. Dadurch wird nur so viel Aufbereitung notwendig, wie wirklich notwendig ist.

Die Informationen aus dem Einsatz sind notwendig für die weitere Planung der Aufbereitung. Der Aufwand kann dadurch deutlich reduziert werden. Ggf. kann die Persönliche Schutzausrüstung für die Aufbereitung angepasst werden.

Eine Vorsortierung der verschmutzten bzw. kontaminierten Geräte ist ebenso von Vorteil, da somit der Aufwand für die Aufbereitung besser eingeschätzt werden kann.

Liegt diese Einteilung nicht vor bzw. sind die Informationen nicht vorhanden, muss vom schlimmsten Fall ausgegangen werden. Somit wird dann das maximale Aufbereitungsprogramm gewählt.

In Zukunft ist es denkbar, dass die verschmutzen Geräte mit einer Art Ampelsystem gekennzeichnet werden.

Grün: Leichte Verschmutzung, keine Aufbereitung notwendig, kann direkt wieder verlastet werden.

Gelb: mittlere Verschmutzung, mittlere Aufbereitung notwendig.

Rot: starke Verschmutzung, Aufbereitung im großen Umfang notwendig.

Schwarz: Komponenten können direkt an der Einsatzstelle entsorgt werden.

Über die Klassifizierung der Kontamination ist auch der Gerätewart im Bereich der Annahme informiert, welche Schutzkleidung er zu verwenden hat. Wird einfach nur eine FFP-Maske, ein Filtergebläsegerät oder ein Druckluftschlauchgerät benötigt? Auch hier wird wieder nach dem Prinzip verfahren: So viel Schutz wie nötig und nicht wie möglich. Der angepasste Schutz kann somit die Belastung für den Geräteträger reduzieren.

Neben der Anpassung der Aufbereitung kann auch schon die Auswahl des Geräts mit den Eigenschaften die Aufbereitung optimieren.

Weiteres einsatztechnisches Gerät sind wasserführende Armaturen. Hier sind als Beispiel die B-Schläuche genannt. Wird ein normaler Schlauch verwendet, kann dieser aufgrund der Oberfläche stark verschmutzen. Wird nun ein beschichteter Schlauch verwendet, kann die Verschmutzung recht einfach entfernt werden. Muss allerdings ein beschichteter Schlauch entsorgt werden, sind die Kosten dafür wieder höher im Vergleich zu einem normalen Schlauch.

Gerade nach Einsätzen, bei denen Asbestfasern freigesetzt wurden, kann es sinnvoll sein, das Schlauchmaterial direkt zu entsorgen (in unserem Beispiel wäre es dann eine schwarze Kennzeichnung).

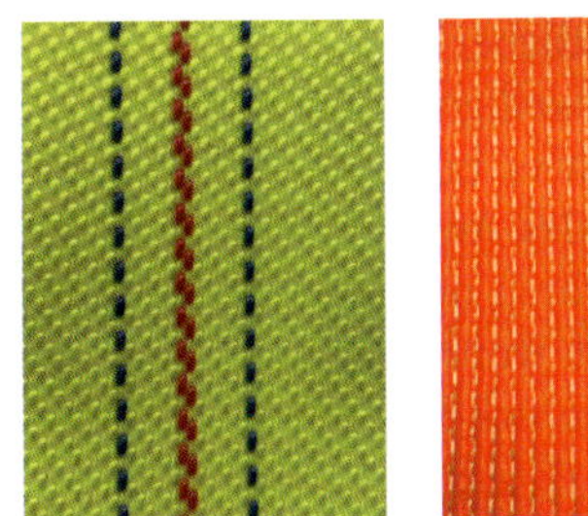

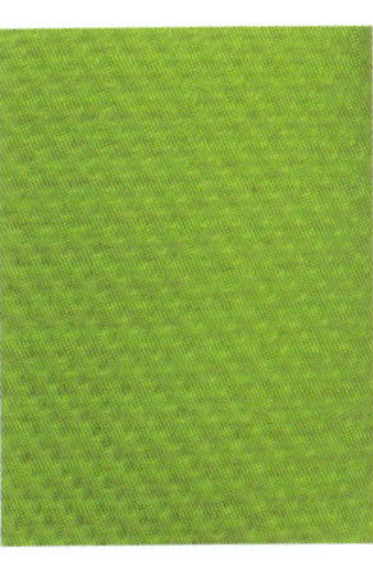

Abbildung 44a bis d: Unterschiedliche Schlauchbeschichtungen. Links das Schlauchmaterial mit einer Oberfläche, die recht rau ist, rechts mit stark beschichteter Schlauchaußenseite (Quelle: A-Haberkorn.at)

Abbildung 45: Wärmebildkamera im Brandeinsatz (Quelle: Dräger Safety)

Bei der Aufbereitung kommen häufig Reinigungstücher zum Einsatz. Dabei ist darauf zu achten, dass die Angaben in der jeweiligen Gebrauchsanweisung zu beachten sind. Bei Nichtbeachtung kann es bei einer Kamera zur Beschädigung der Optik oder des Displays bzw. des Anzeigeelements kommen. Auch bei Gaswarngeräten oder Gasmessgeräten muss darauf geachtet werden, dass die aufgeführten Mittel verwendet werden. Ggf. kann eine „Vergiftung" des Sensors erfolgen oder es sammeln sich Restprodukte in den Schutzmembranen.

Ebenso betroffen sind die Funkgeräte und das dazugehörige Zubehör wie ein abgesetztes Mikrofon oder Headset.

Und auch bei Stäuben ist die Aufbereitung notwendig. In diesem Fall ist es von Vorteil, den Glasstaub mit einem Reinigungstuch zu binden und danach direkt das Reinigungstuch zu entsorgen. Glassplitter oder Staub können an anderen Geräten Verletzungen an den Oberflächen erzeugen.

Abbildung 46: Reinigung Dräger X-am 1/2/5000 (Quelle: Dräger Safety)

Abbildung 47: Reinigung einer Hörsprechgarnitur mit einem Reinigungstuch (Quelle: Dräger Safety)

Abbildung 48: Erzeugung von Glasstaub und Glaskrümeln (Quelle: Dräger Safety)

Neben den aufgeführten einsatztechnischen Geräten gibt es noch eine Fülle an weiteren Geräten.

Dabei ist es von Vorteil, wenn eine Verschleppung vermieden wird. Dazu kann eine Grobreinigung bereits an der Einsatzstelle erfolgen. Eine Aufbereitung (z.B. Reinigung) erfolgt dann in den jeweiligen Werkstattbereichen.

Grundsätzlich sind die Angaben in den jeweiligen Gebrauchsanweisungen zu beachten. In diesen ist beschrieben, wie mit dem Gerät vor, während und nach dem Einsatz zu verfahren ist. In dem Punkt nach dem Einsatz sollte beschrieben sein, wie das Produkt aufzubereiten ist. Wenn diese Punkte beachtet werden, sollte das Geräte lange nutzbar sein.

Wichtig ist, dass die Gerätschaften für den nächsten Einsatz wieder zur Verfügung stehen und nicht das Blut oder der Ölfilm noch an dem Gerät vorhanden ist.

7.4 Selbstkontrolle und Testfragen

(Lösungen siehe Seite 104)

Eine Anmerkung dazu: Es gibt kein richtig oder falsch, es gibt nur besser!

1. Wonach richtet sich der Hilfsmitteltechniker bei der Erstellung von Waschverfahren?

a) Nach dem Aufstellort der Waschmaschinen.
b) Nach dem Sinnerschen Kreis.
c) Nach dem Härtegrad des Wassers.

2. Wodurch kann eine maximal schonende und effektive Trocknung gewährleistet werden?

a) Durch die Neuanschaffung eines modernen Wäschetrockners (Tumbler).
b) Durch die Lufttrocknung von PSA.
c) Durch die Verwendung eines Trockenschranks.

3. Die Vorreinigung von grob verschmutzter PSA-Ausrüstung sollte aus fachlicher Sicht

a) immer nur von Hand stattfinden, da dies am gründlichsten ist.
b) vor der Wache durchgeführt werden, um eine Kontamination dieser zu vermeiden.
c) in einem Dekontaminationsspüler sattfinden, da hier der Umgang mit Kontaminationen minimiert wird.

4. Bei der Dekontamination von Helmen sind folgende Dinge zu berücksichtigen:

a) Helme für den Feuerwehrdienst sind grundsätzlich waschbar.
b) Helme für den Feuerwehrdienst müssen während der Waschbehandlung nicht sonderlich geschützt werden, da diese besonders stabil gefertigt wurden.
c) Helme können inkl. Spinne, Nackenteilen und Visieren in Spezialnetzen gewaschen werden (ein Helm pro Netz).

5. Wann sollte eine Überprüfung der Einsatzbekleidung (PSA) stattfinden?

a) Einsatzbekleidung muss regelmäßig auf die verschiedenen Schutzfunktionen hin überprüft werden (regelmäßige und außerordentliche Prüfungen).
b) Einsatzbekleidung muss nicht sonderlich geprüft werden, da diese besonders stabil gefertigt wurde.
c) Einsatzbekleidung muss nicht sonderlich geprüft werden, eine Sichtprüfung auf Funktionalität durch den Träger ist ausreichend.

6. Worauf muss bei der Aufbereitung von einsatztechnischem Gerät geachtet werden?

a) Es können alle typischen Waschmittel in unterschiedlichen Konzentrationen verwendet werden.
b) Es werden nur die aufgeführten Aufbereitungsmittel verwendet, die in den jeweiligen Gebrauchsanweisungen angeben sind.
c) Für die Aufbereitung suche ich im Internet nach den Reinigungsmitteln für die Fußbodenpflege.

7. Welche Angaben sind für die Aufbereitung in einer Werkstatt/Pflegestelle hilfreich?

a) Art des Einsatzes, Kontakt mit welchen Stoffen.
b) Art des Einsatzes, Anzahl der Kameraden im Einsatz, Dauer des Einsatzes.
b) Art des Einsatzes, Angaben zum Gefahrstoff, Dauer des Einsatzes.

8. Was ist bei der Aufbereitung zu beachten?

a) Der Eigenschutz (Schutzbrille, Handschuhe, ...) ist zu verwenden.
b) Da die Aufbereitung nicht mehr an der Einsatzstelle stattfindet, ist keine Persönliche Schutzausrüstung mehr zu tragen.
c) Die Absauganlage der Fahrzeuge sorgt für eine ausreichende Belüftung. Daher benötige ich keinen leichten Atemschutz.

8 Perspektiven und Empfehlungen

Blick in die Zukunft

Viele Feuerwehren haben den Bedarf erkannt und Maßnahmen zur Verbesserung und Prävention umgesetzt.

Dennoch ist es wichtig, am Ball zu bleiben.

D.h. weiterhin:

- Verbesserung des Informationsflusses
- Vermeidung von Kontaminationsverschleppung
- Reduzierung von Einsatzkräften im Gefahrenbereich
- Einsatzwechselkleidung vorhalten

8.1 Perspektiven

8.1.1 Prävention vor Krebserkrankungen bei Feuerwehrleuten

Hierbei müssen Maßnahmen ergriffen werden, um die Exposition gegenüber krebserregenden Stoffen zu minimieren. Dazu gehören beispielsweise eine verbesserte Ausrüstung, Schulungen und Sensibilisierung zur sicheren Handhabung mit den Gefahrstoffen an der Einsatzstelle und im sekundären Bereich sowie regelmäßige Gesundheitsuntersuchungen.

8.1.2 Früherkennung von Krebserkrankungen bei Feuerwehrleuten

Regelmäßige Vorsorgeuntersuchungen und Screening-Programme können dazu beitragen, Krebs in einem frühen Stadium zu erkennen und die Behandlungschancen zu verbessern.

8.1.3 Unterstützung

Feuerwehrleute, die an Krebs erkranken, benötigen Unterstützung in verschiedenen Bereichen. Dazu gehören psychologische Betreuung, finanzielle

Unterstützung und Hilfe bei der beruflichen Wiedereingliederung nach der Behandlung.

8.2 Empfehlungen

8.2.1 Schulungen und Sensibilisierung

Feuerwehrleute müssen regelmäßig über die Risiken von Krebserkrankungen informiert werden und über Maßnahmen, die sie ergreifen können, um sich zu schützen. Ausbildung, Aufklärung und eine verbesserte Ausrüstung zu einem sicheren Handling sind dabei obligatorisch.

8.2.2 Verbesserte Ausrüstung

Die Feuerwehr muss in eine hochwertige Ausrüstung und Schutzkleidung investieren, die den neuesten Sicherheitsstandards entspricht. Diese müssen regelmäßig gewartet und überprüft werden, um ihre Wirksamkeit sicherzustellen.

Abbildung 49a und b: Kobra Cold Cut® Löschsystem reduziert die Temperatur und den giftigen Brandrauch (Quelle: Marcus Bätge)

Abbildung 50:
Unterwäsche aus Kohlefasern – verhindert Aufnahme von Gefahrstoffen in den Körper (Quelle: CPP Garments/ Blücher)

Abbildung 51: Mobiles Waschbecken und Spezialreinigungspaste – reduziert anhaftende krebserregende Gefahrstoffe noch an der Einsatzstelle (Quelle: aquanesa solution GmbH)

8.2.3 Forschung und Entwicklung

Es ist wichtig, dass weiterhin Forschung betrieben wird, um die Zusammenhänge zwischen feuerwehrtechnischen Abläufen und Krebserkrankungen besser zu verstehen. Dadurch können gezieltere Präventions- und Behandlungsstrategien entwickelt werden.

8.2.4 Unterstützungsprogramme

Es müssen spezielle Unterstützungsprogramme für Feuerwehrleute mit Krebs geschaffen werden, die finanzielle Unterstützung, psychologische Betreuung und Hilfe bei der beruflichen Wiedereingliederung umfassen. Diese Programme sollten leicht zugänglich und gut beworben werden, um betroffene Feuerwehrleute zu erreichen.

8.2.5 Zusammenarbeit

Eine enge Zusammenarbeit zwischen Feuerwehr, medizinischem Fachpersonal und Forschungseinrichtungen ist entscheidend, um das Thema „Krebs und die Feuerwehr“ effektiv anzugehen. Durch den Austausch von Informationen und Erfahrungen können bessere Lösungen gefunden werden.

9 Literatur- und Quellenverzeichnis

[1] https://www.gbe-bund.de/

[2] https://www.wissen.de/lexikon/hygiene

[3] https://publications.iarc.fr/615)

[4] https://www.bgbau.de/themen/sicherheit-und-gesundheit/gefahrstoffe/sicherheitsdatenblatt/karzinogenitaet/

[5] Quelle RKI-Robert-Koch-Institut

[6] https://www.green-in-berlin.de/app/3969/was-ist-die-verschmutzung

[7] https://www.dguv.de/de/praevention/themen-a-z/gefahrstoffe/index.jsp

[8] https://www.rki.de/DE/Home/homepage_node.html

[9] https://www.rki.de/DE/Content/Infekt/Biosicherheit/Dekontamination/Dekontamination_node.html

[10] https://www.baua.de/DE/Angebote/Rechtstexte-und-Technische-Regeln/Regelwerk/Glossar/Glossar_node.html

[11] https://publikationen.dguv.de/widgets/pdf/download/article/1507

Lösungen

Lösungen zu Kapitel 1.5: 1. b); 2. a) und c); 3. a)

Lösungen zu Kapitel 5.3: 1. b) und c); 2. c); 3. b); 4. b) und c)

Lösungen zu Kapitel 6.7: 1. a); 2. b); 3. d); 4. b)

Lösungen zu Kapitel 7.4: 1. b); 2. c); 3. c); 4. c); 5. a); 6. b); 7. c); 8. a)